U0017096

台灣的茶園與茶館

吳德亮◎著‧攝影

台灣主要茶園與茶品分布示意圖

新北市 石門(鐵觀音)
南港 木柵(鐵觀音)
(包種茶) 石碇(包種茶/美人茶)
楊梅 台北市
湖口(長安茶) 龍潭 坪林(包種茶/佛手茶)
(龍泉茶) 三峽(綠茶)
頭份(酸柑茶) 關西(紅茶) 拉拉山 三星(上將茶)
北埔/峨嵋 冬山(素馨茶)
(東方美人茶)
頭屋 獅潭(仙山茶) 大同(玉蘭茶)
(老田寮茶)

梨山
台中市 大禹嶺

名間 魚池(紅茶)
(松柏長青茶)
竹山(杉林溪茶)
鹿谷(凍頂烏龍茶)
林內
(雲頂茶) 信義(玉山茶)
梅山 瑞穗
竹崎 (天鶴茶/蜜香紅茶/柚香茶)
番路 阿里山

富里
(六十石山茶)

台南市
鹿野
(紅烏龍/福鹿茶/佛手茶)

高雄市

滿州
(港口茶)

前言

　　假如有人問什麼最能代表多元繽紛的台灣文化？相信不少朋友都會將「茶」列為第一選項，接觸過的許多外國朋友更常將茶文化與台灣劃上等號；從近年國際茶人紛紛來台取經或學習茶藝即可略窺一二。儘管台灣茶多年前從外銷的盛況轉為內銷，進口茶且逐年大幅成長，但台灣茶廣受全球茶人喜愛卻與日俱增：從名揚四海的烏龍茶、屢創天價的東方美人，到近年紅遍兩岸與大半個地球的高山茶與頂級紅茶等。

　　二十多年前年少輕狂的我，原本也與當時多數的上班族一樣，以喝咖啡為時尚，根本不知茶韻為何物，更不用說領略品茶之美了；卻開始喜歡用鏡頭記錄茶園與茶館，透過不同角度、不同的光影變化，試圖呈現令人著迷的繽紛茶世界。

　　因緣際會愛上茶後，我開始放下所有工作，在這片美麗的土地上，不斷翻山越嶺找茶、品茶、拍茶、講茶。在一次又一次美麗的邂逅中，當然也不免有驚險片段作為插曲：曾經受困於滾滾駭人的土石流，也曾為了涉險拍照而摔斷價值不菲的鏡頭，更曾在跋涉山區之間扭傷膝蓋，二十多年來始終「衣帶漸寬終不悔」。除了為台灣茶不斷推陳出新的種植與製茶技術感到驕傲，也為近年眾多進口茶的魚目混珠而深感憂心。

　　因此當深具國際觀的學者、聯經發行人林載爵某日到我工作室品茶，提到許多海內外朋友喜愛台灣茶，卻苦於沒有專書可以深入了解，而力邀我撰寫中、英、日三種語文版本的本書時，我立即毫不猶豫答應，希望早已閃耀國際舞台的台灣茶，能夠被更多人認識、親近並喜愛。

　　話說人類自從有茶至今，相關的茶書或論述何止千百？卻唯獨唐代茶聖陸羽的《茶經》、唐代盧仝〈走筆謝孟諫議寄新茶〉、元稹〈一七令──茶〉或孫樵〈送茶與焦刑部書記〉等少數能傳誦千古，因為他們都兼具了優美流暢的文學藝術成就，而非單純的工具書或學術論文可比擬。因此，阿亮近年致力於茶文化的推廣與落實，始終堅持站在最客觀的制高點上寫茶，卻也不忘前輩詩人瘂弦所說「一日為詩人、終身為詩人」的教誨，希望能以深度的人文思考、廣度的文學意境、飽滿的影像魅力，以「茶藝文學」的高度，為台灣茶的永續發展略盡棉薄之力。

　　感謝台灣茶業大老、台灣區製茶公會前理事長黃正敏的不斷加油打氣，感謝奧迪汽車蘇玉興副總對我馳騁山林的全力支持、名電視製作人周在台的一路相挺。

　　台灣，「有茶真好」。

Contents · 目次

早在三百多年前，台灣就有野生茶樹的記載，不過真正發展茶樹栽培管理及茶葉製造，則是近兩百年前由先民自中國福建等地所引進，包括茶種及種植技術等；今天且青出於藍地成為世界知名的茶葉產區。

1 認識台灣茶

2 台灣北部特色茶園

北台灣是台灣茶最早的發源地，歷經清末、日據時期至台灣光復初期，北台灣無論烏龍茶、綠茶、紅茶都曾是外銷最亮眼的產品，不僅為台灣賺取可觀的外匯，也締造了「南糖北茶」的輝煌盛世。

3 台灣中部特色茶園

中台灣茶業起步雖晚，各茶區海拔也有極大差異，今天卻擁有全台最大茶區，且頂級茶品也泰半來自此地，包括閃亮兩岸三地的凍頂茶、梨山茶、杉林溪茶與玉山茶在內。

阿里山不僅是大陸觀光客的最愛，阿里山茶也成了陸客血拚的首選，其中更不乏原住民與客家或閩南族群融合的動人傳奇。而台灣最南端的港口茶，則是台灣唯一有性繁殖的實生種茶樹，令人嘖嘖稱奇。

4

台灣**南部**特色茶園

5 台灣**東部**特色茶園

儘管沒有高海拔的加持，東台灣的茶農仍能憑著智慧不斷推陳出新，努力創造出令人驚豔的茶品，如蜜香紅茶、柚香茶、紅烏龍等外銷新寵，也發展出亮麗的觀光休閒產業。

不同於中國盛唐時期的茶坊、茶肆，或宋代的茶邸，甚或明清以迄民國的戲茶館、棋茶館等；台灣現行的茶藝館重視精神面，從有形的茶人、茶飲、茶器、茶法、茶儀，至品茗環境與擺飾陳設，到無形的茶香或人文氛圍等交織而成迷人的特色。

6 台灣喫茶地圖 — 特色茶館

7 找茶情報

1 認識台灣茶

茶山來去
不見茶
只聽得
茶芽舒展
的聲音
輕快明朗
搖醒禾香
與白鷺共舞

德亮 2010

吳德亮對開水彩作品（54×78.5 cm/2010）

台灣的茶

茶葉的
品項與分類

　　從台灣頭的新北市石門區，到台灣尾的屏東縣滿州鄉，以及東部的宜蘭、花蓮、台東三縣，全台各地幾乎都有茶樹飄香。尤其近年精緻的品茶文化蓬勃發展，各主要茶區都努力塑造出自己的特色茶，打出各自的茶葉品牌。而各地方政府也不斷透過各種節慶活動、配合原有觀光資源，將單純的農產品打造為地方特色強烈的文化休閒產業。

　　茶葉的種類到底有多少？經過三千多年來的不斷發展與演進，喜愛喝茶的中國人以乾茶顏色與加工製造方法的不同，將茶葉區分為綠茶、白茶、黃茶、青茶、黑茶、紅茶等六大類。

　　不過六大茶類中，除了綠茶、紅茶與黑茶外，其他三種都屬於部分發酵的烏龍茶類，其中白茶與黃茶在台灣所占比例又極微，因此台灣目前在習慣上，大多按茶葉的發酵程度來區分**為半發酵（或稱部分發酵）的烏龍茶、不發酵的綠茶、全發酵的紅茶、後發酵的普洱茶等四大類。**

　　此外，國人常見的凍頂茶、福鹿茶、松柏長青茶、港口茶、秀才茶等台灣名茶，則係冠以地名或結合地方特色來命名的茶品，如港口茶產於屏東縣滿州鄉港口村而名，秀才茶與清代科舉毫無關連，只因產地在桃園縣楊梅鎮的秀才窩罷了。而某些地方特色強烈的名稱也不僅指單項茶品，如花蓮的天鶴茶，就包含了烏龍茶、蜜香紅茶、柚香茶在內；而宜蘭素馨茶也泛指冬山鄉包種茶、紅茶等所有茶品。

　　至於有人更深入提到青心烏龍、青心大冇、阿薩姆、佛手、金萱、翠玉、白毛猴等名稱，則又屬於茶樹品種的領域了。

反觀歐美國家，對茶葉的分類就簡單許多，通常僅依發酵程度區分為三大類，即不發酵的綠茶、全發酵的紅茶，以及介於中間半發酵的統稱為烏龍茶。至於以產製白蘭地美酒著稱的法國，為了有效區分台灣茶，乾脆稱條型包種茶為「清香烏龍」、凍頂茶稱「濃香烏龍」、東方美人茶為「香檳烏龍」。

　　綠茶（Green Tea）是不經發酵，逕行加熱處理的炒菁或蒸菁茶類，前者包括龍井、碧螺春，後者則有日本的煎茶、玄米茶等；所謂「清湯綠葉」，兩者均具有天然清香、茶湯碧綠等特色，如以玻璃壺沖泡更可以表現茶湯的顏色與葉形。由於茶葉加熱後不經發酵便進行揉捻乾燥，葉綠色澤得以保存，據說也最能留住茶葉中的「兒茶素」，因此近年學者專家紛紛發表專論，認為常飲能防老、抗氧化、甚至還有防癌的功效。

　　白茶（White Tea）屬輕度發酵的茶，發酵度約5～10%。它在加工時不炒不揉，只將細嫩且葉背滿布茸毛的茶葉曬乾或用文火烘乾，乾茶外觀因而滿披白毫、型態自然。台灣目前除花蓮舞鶴茶區有少量白牡丹的產製外，大多來自中國福建，以銀針白毫最為著名。

黃茶（Yellow Tea）是微發酵的茶，發酵度約10～20％，由於芽葉茸毛披身、金黃明亮，而有「金鑲玉」的美稱。在製茶過程中，經過悶堆渥黃，因而形成黃葉黃湯的茶種。不過由於國內尚無「悶堆渥黃」的技術，黃茶在台灣幾乎沒有任何產製；代表茶品有中國湖南的君山銀針、四川雅安的蒙頂黃芽等。

❸

青茶（Blue Tea）即俗稱的烏龍茶，屬部分發酵茶，發酵度介於綠茶與紅茶之間，並依茶品不同而有15～85％的極大落差：如輕發酵的文山包種茶（15％以下）、中發酵的凍頂茶（20～35％之間）、重發酵的鐵觀音（40～50％），以及發酵程度更重的白毫烏龍（60～75％）與紅烏龍（85～90％）等。

事實上，半發酵茶在台灣學界大多稱為「包種茶」，而今日風行台灣的烏龍茶，則是「半球型包種茶」的俗稱，有別於「條型」的文山包種茶，以及「球型包種茶」的鐵觀音。

❹

1980年全球烏龍茶產量僅約1.8萬公噸，占世界茶葉總產量的1％左右，至2006年卻已攀升至13.6萬公噸左右，約占全球茶葉總產量的3.9％，2010年比例略降為2～3％。不過在台灣卻最受茶人的喜愛。

❶ 綠茶以玻璃壺沖泡可以表現茶湯的顏色與葉形。
❷ 白茶（銀針白毫）
❸ 黃茶（蒙頂黃芽）
❹ 青茶（阿里山烏龍）

　　紅茶（Red Tea）是一種全發酵茶，是當今全球產量最多的茶類，也是全世界僅次於白開水而排名第二普及的飲料，占全球茶葉總產量的70％以上，**發酵度約95%**。好的紅茶外觀色澤呈烏黑帶光澤，湯色紅豔透明、滋味醇厚。而與其他茶類最大的不同，就在於紅茶是最具「包容性」和「變化多端」的茶類，可以添加研製成各式加味紅茶，如檸檬紅茶、麥香紅茶、泡沫紅茶，以及近年紅透半邊天的「珍珠奶茶」等。知名茶品則有日月潭紅茶、蜜香紅茶、祈門紅茶等。

　　黑茶（Dark Tea）屬後發酵茶，**發酵度約80％**。通常以雲南大葉種茶樹為原料，大多壓製為成團成餅的緊壓茶，少數為散茶，經十數年甚至

數十年悠悠歲月「陳化」而成，以普洱茶及廣西的六堡茶爲代表。由於發酵時間較長，因此葉色多呈暗褐色，風味圓融醇厚（詳見吳德亮著《普洱藏茶》一書/聯經）。

不過近年中國雲南許多學者卻紛紛提出異議，認爲經過現代「渥堆」工序加速發酵而成的「熟普洱」，由於「葉色油黑凝重」，稱黑茶固無不妥；但1975年渥堆工序發明以前、或1990年以後，許多未經渥堆、僅透過長時間自然發酵轉化而成的普洱生茶，歸類爲黑茶並不恰當，應「正名」爲「綠製普洱茶」，以有別於本屬黑茶類的「黑製普洱茶」。

此外，許多朋友喜愛的「花茶」並非單一茶類，而係某些茶類加上添加物而成，如以綠茶加茉莉花而成「香片」，或紅茶加上佛手柑油而成伯爵茶的「加味紅茶」，或普洱茶加上菊花而成的「菊普」等。

行政院農委會茶業改良場主秘蔡右任表示，原則上除了紅茶外，其他所有茶類的基本製程都包含了炒菁、揉捻、乾燥等工序，只因其後加工步驟或方式的不同而衍生爲其他茶類：例如加上萎凋可衍生爲白茶類；萎凋再加攪拌則衍生爲青茶類；加上悶黃則爲黃茶類，加上渥堆即成黑茶類等。

❶ 紅茶（祈門紅茶）
❷❸ 黑茶類的普洱茶大多壓製爲成團成餅的緊壓茶。

台灣的

台灣的茶

茶樹品種

　　台灣茶樹品種可大別為**本地原生種**（即台灣野生山茶）、**外來種**（源自中國大陸等地的青心烏龍、鐵觀音、阿薩姆等）與**育成改良種**（台灣自行選育而出的金宣、翠玉、四季春等）三大類。

　　根據官方資料統計，台灣茶園在1998年共有20,702公頃，茶葉年產量計22,948公噸。至2008年總植茶面積減為15,744公頃，收穫面積15,174公頃，每公頃平均生產1,146公斤茶葉，總產量約17,384公噸，茶園大多分布在台北、新北、桃園、新竹、苗栗、南投、台中、雲林、嘉義、台東、花蓮、宜蘭等縣市。

　　儘管1990年代以前的台灣茶葉以外銷為主，年外銷量最高也曾達23,516公噸，不過近年來外銷量已大幅縮減，從外銷量占總產量的75%～85%急速轉成內需，外銷量驟降至總產量的15%～20%左右；從數字來看，至2008年外銷量僅2,341公噸，遠低於進口的25,700公噸。不過近年兩岸關係緊密，大陸觀光客驟增，茶葉成了陸客來台「血拚」最愛的第四名，消費大幅成長每年超過5,000噸，且均為高檔台灣茶，稱之為「綠金」亦無不可。

　　其實早在三百多年前（1645），台灣就有野生茶樹的記載，不過真正發展茶樹栽培管理及茶葉製造，則是近兩百年前由先民自中國福建所引進，包括茶種及種植技術等。由於台灣無論地理、氣候或環境均十分適合茶樹生長，而青出於藍成為世界知名的茶葉產區，所產製的綠茶、包種茶、烏龍茶及紅茶都曾大量行銷至全世界，為台灣創造了可觀的外匯收入。

台灣茶樹排行榜

　　經過百多年來的引進、發展與不斷改良，台灣今日所栽種的茶樹可說品種繁多且豐富，堪稱全球茶樹的資料寶庫。其中較為常見的有：青心烏龍、青心大冇、硬枝紅心、金萱、翠玉、大葉烏龍、鐵觀音（紅心歪尾桃）、四季春、青心柑仔、黃柑等。

　　而目前栽種稍少的則有武夷茶、紅心大冇、黃心大冇、紅心烏龍、黃心烏龍、水仙、軟枝紅心、淡水青心、烏枝、梅戔、大湖尾、白毛猴、佛手、阿薩姆、桃仁（白葉仔），以及茶葉改良場研發育成的台茶8號、台茶14號（白文）、台茶15號、台茶16號（白鶴）、台茶17號（俗稱白鷺或白玉）、台茶18號（紅玉）等品種。

　　目前台灣栽種面積最多的茶樹，依序為青心烏龍、青心大冇、金萱、翠玉、四季春，五大品種所產製的條型或半球型烏龍茶均各具獨特風味與品質特徵。但青心烏龍的體質有如林黛玉般纖弱秀氣，而青心大冇卻宛若薛寶釵般豐盈健美，巧的是兩人在《紅樓夢》中也分別是第一與第二女主角。

　　其中，青心烏龍不僅栽培歷史最久，也是分布最廣的茶種，約占台灣茶樹的60～70%左右，常被茶農以閩南語暱稱為「種仔」或「軟枝烏龍」。樹型稍小、葉肉稍厚且呈長橢圓形。

　　排名第二的青心大冇屬於小葉種，不僅可製作翠綠且梗少的優質綠茶，也是製作東方美人（白毫烏龍）的最佳中生種茶樹。產量高、適製性非常廣泛；目前主要分布於桃園、新竹、苗栗三縣。

別名「大廣紅心」的硬枝紅心，是早年自福建引進的台灣四大名種之一，樹勢強、屬早生種，葉片形狀與金萱及翠玉相近，只是鋸齒較為銳利罷了。目前大多分布在新北市石門區，為石門鐵觀音的主要原料。

栽培於台北市木柵區的鐵觀音，係由福建安溪所引進的「紅心歪尾桃」，樹型大、枝條粗。此外，早期木柵茶農也曾用以製作鐵觀音的「梅箋」，同樣來自福建安溪，披針型的狹長綠葉與鐵觀音倒有幾分相似，不過目前僅有少量種植。

至於別名「柑仔」，目前以新北市三峽與新店較多的青心柑仔種，因葉片大若柑葉而得名，是優質綠茶，尤其是龍井茶的最佳品種。由於芽綠色帶洱毛，因此所製成的高級龍井茶均帶有白毫。

大葉種的「佛手」，由於葉片碩大有如佛手而得名，也有人說它的成茶帶有特殊的佛手甘香氣。最早係由福建永春引入

❶ 俗稱白鶴的台茶 16 號。
❷ 青心烏龍是目前台灣栽種面積最多的茶樹品種。
❸ 青心大冇是製作東方美人茶的最佳品種。
❹ 硬枝紅心為石門鐵觀音的主要原料。

新北市的坪林與石碇等地,目前在台東鹿野與南投竹山也有少量種植。

此外,台灣西部種植面積原已大幅減少的大葉烏龍品種,今天卻成了東台灣的當紅品種;俗稱「大葉烏」或「大腳烏」,原產於福建安溪的長坑、蘭田一帶,屬於早生種,以大型呈橢圓形的暗綠色葉片為明顯特徵。不僅耐旱、耐寒,而且育芽能力、適應性、抗病蟲害能力俱強,由於茶葉厚嫩、風味絕佳,在市場上也頗受歡迎。

茶樹中的台灣之子

金萱、翠玉、四季春三者均為台灣茶種的七年級生;金萱即台茶12號、翠玉為台茶13號,係於1981年由茶業改良場育成推廣的新品種,近年在梅山、名間等地的茶葉競賽中,區隔於傳統烏龍茶之外而稱「新品種組」。至於四季春則是1985年由木柵茶農張文輝選育所出。再加上1999年育成、近年紅透半邊天的台茶18號,即外銷俄羅斯所向披靡的「紅玉」紅茶,四者皆為真正的「台灣之子」。

當然台灣之子絕對不僅以上四者,從台茶1號到台茶21號(紅韻),都是由台灣育成或改良的優質茶種。台茶12號的系統代號為2027,台茶13號則為2029,因此茶農多分別以閩南語暱稱為「二七仔」、「二九仔」,兩者均為當時擔任茶業改良場場長的已故茶業先賢吳振鐸,從1945年日本人留下的五千多株實生苗中,歷經三十多年有系統的反覆研究選育而得。

❶ 鐵觀音不僅是茶品名,也是茶樹品種,具有明顯的紅心、歪尾以及葉片向上捲曲如手形等特徵。
❷ 大葉種的佛手葉片碩大有如佛手。
❸ 大葉烏龍是今日東台灣當紅的品種。

金萱所製作的烏龍茶具有濃郁的「奶香味」，獨有的品質特徵爲其他茶種所無法模仿，因此甫推出就立即在都會上班族群中打出響亮名號。由於樹勢強健，環境適應力，以及抗旱、抗病、抗蟲害的能力俱強，因此生長旺盛、產量高而廣受茶農喜愛，目前全台均有廣泛種植。

翠玉屬於樹型較大的中早生種，葉色較爲深綠，製成的烏龍茶具有「清香撲鼻」的最典型特徵，擁有強烈的野香，尤其春茶與秋茶各具不同的香氣，春茶帶有檳榔花清香，秋茶則爲桂花香，教人嘖嘖稱奇。

四季春又名「驚死人香」，源於茶品具有特殊梔子花般的香氣；是近年才漸受矚目的茶種，適合產製任何半發酵或全發酵茶類。由於萌芽期甚早且抗寒性特強，因此不僅採摘期長、收成量特高，即便早春、晚冬以及一年四季皆可產製，全年最多可採上7次，可眞「驚死人」了。

一般而言，適合製作綠茶的品種包括青心柑仔、青心大冇、台茶10號、台茶11號、台茶14號、台茶16號與17號等。適合製作烏龍茶品種則有青心烏龍、青心大冇、大葉烏龍、四季春、武夷、佛手，以及台茶5號、台茶12號與13號。鐵觀音則有紅心歪尾桃、硬枝紅心、梅戔、四季春。適合製作白毫烏龍的有青心大冇、青心烏龍、白毛猴、台茶15號與17號。適合製作紅茶的除了阿薩姆外，尚有台茶7號、8號與18號等大葉品種，但今天全台各地均已採收其他中小葉種茶樹製作紅茶，評價不差，顯見台灣製茶技術已突破茶種限制，令人「一則以喜、一則以憂」。

---

❹ 金萱因生長旺盛、產量高而廣受茶農喜愛。
❺ 翠玉屬於樹型較大的中早生種。
❻ 青心柑仔是三峽綠茶的主要原料。

台灣的茶

台灣十大名茶
與地方特色茶

　　台灣的「中華茶文化學會」，早年曾根據茶品知名度、消費市場反應與學者專家意見等三項主要評比，選出凍頂茶、文山包種茶、東方美人茶、松柏長青茶、木柵鐵觀音、三峽龍井、阿里山珠露、高山茶、龍泉茶、日月潭紅茶為「台灣十大名茶」。不過近年因消費市場急遽變遷，排名在今日僅供參考。例如南投名間鄉的茶產量至今仍排行台灣第一，茶葉品質也毫不遜色，卻因消費者對高山茶的狂熱追逐，而紛紛將昔日聲名遠播的「松柏長青」茶名逐漸淡去，殊為可惜。

　　行政院農委會茶業改良場列舉的「台灣特色茶」，則包括綠茶、文山包種茶、半球型包種茶、高山茶、鐵觀音茶、白毫烏龍茶與紅茶等七項。其中半球型包種茶即俗稱的烏龍茶，白毫烏龍則為膨風茶或稱東方美人茶，而鐵觀音則包括木柵鐵觀音與石門鐵觀音。

　　至於始終「紅不讓」的高山茶，通常泛指海拔1,000公尺以上茶園所產製的烏龍茶，主要產地在台中市、南投縣、嘉義縣內。由於高山氣候冷涼，早晚雲霧籠罩，平均日照短，茶樹芽葉所含兒茶素類等苦澀成份因而降低，且芽葉柔軟、葉肉厚、果膠質含量高，因此具有色澤翠綠鮮活、滋味甘醇、香氣淡雅，以及耐沖泡等特色，成了當今茶葉市場的當紅炸子雞。

　　尤其近年來，消費者對「高山茶」產地海拔的要求一再追高，從早先的1,000公尺、1,600公尺乃至今天的2,600公尺以上，「勇敢的台灣人」從杉林溪、霧社、清靜農場、廬山、阿里山、玉山、梨山、大禹嶺等高海拔山區，一路披荊斬棘往上開發，試圖挑戰台灣屋脊，因而造就了梨山茶、阿里山茶、玉山茶、杉林溪茶所謂「四大名山」的今日市場新寵。

茶葉沖泡

與茶器選擇

　　如何正確選擇或使用茶器？陶器與瓷器的優劣如何？儘
管見仁見智，不過各種茶器都有其特色，最好依茶品的不同選
擇：例如陶製茶具有肉眼看不見的氣孔，能吸附茶汁、蘊蓄茶
味，且傳熱緩慢、保溫性能好，即使冷熱驟變也不致破裂；通
常用來沖泡熟火烏龍茶、鐵觀音、陳年老茶等茶品，最能展現
茶味特色。而瓷器茶具無吸水性，音清而韻長，能反映出茶湯
色澤，獲得較好的色香味，適用於沖泡重香氣的包種茶、綠茶

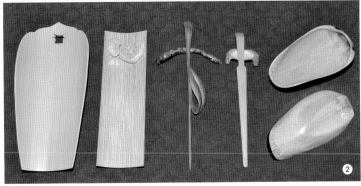

❶ 各種茶海（上）與茶壺（下）。
❷ 台灣竹雕大師翁明川的茶則（左）、茶匙（中）、茶荷（右）。

❶ 基本的茶席應包括燒水壺、茶壺、茶承、茶則、茶匙、茶海、茶巾、杯組與裝茶葉用的小茶倉等。
❷ 茶則與茶匙的正確使用方式。

與紅茶、東方美人茶等。

　　至於有人沖泡龍井、碧螺春等綠茶喜歡用玻璃茶具，則是爲了觀看茶葉在整個沖泡過程中的上下穿動、葉片逐漸舒展的情形，以及吐露的茶湯顏色。

　　而其他茶器如茶海、茶則、茶匙、茶船（茶承）、水方、茶漏、茶巾（擦拭水漬）、杯墊、烘爐等，經過台灣茶人與文化人不斷腦力激盪與創意研發，除了用途種類早已無限擴充至數十種以上。素材的選擇更大膽顛覆傳統曰白，從陶、瓷、玻璃、竹器、木器，至錫、銅、生鐵等重金屬，不斷交互運用及實驗；彼此競豔的造型更是各具巧思、超乎想像。

　　同樣一泡茶，使用不同顏色的陶杯或瓷杯，除了茶湯顏色明顯不同外，風味也大異其趣；一般來說，若要精準掌握茶湯的顏色，使用水晶杯或純白瓷杯最

❸ 各種茶承與使用方式。
❹ 由左至右：聞香品茗杯組、瘦高小口杯、仿汝天青杯、定白大口杯、岩礦杯。

佳，如要讓茶品韻味達到加分效果，則以陶杯較爲適合。

　　今天泡茶的方式則大致不脫「蓋碗」與「壺泡」兩大類。流傳久遠的蓋碗泡法大多用於水溫不宜太高的茶類，如綠茶或東方美人等。一般先將茶葉直接置入碗中沖泡，並將茶湯倒入茶海、分入杯中飲用。

　　而壺泡即一般「功夫茶」泡法，大多用於高溫沖泡的茶類，如凍頂烏龍、鐵觀音等，可以同時體會聞香、嚐味、觀色以及賞形的四種品茗樂趣，從煮水、取茶、溫壺的前置作業，至去水、置茶、沖泡。溫壺就是將沸水沖入壺中至八分滿；去

①

水則是將壺內的水倒出至茶船（濕泡法）或水方（乾泡法）中。置茶則是將茶葉置入壺中；沖泡則是將沸水注入壺中至九分滿（如圖❶）。

　　沖泡茶葉時，時間不宜太長，應控制在半分鐘至一分鐘左右，接著二、三泡茶的沖泡時間維持在半分鐘至一分鐘內；泡茶水溫不宜過高或浸泡太久，以免將茶中的咖啡因及單寧釋出，而造成苦澀的口感。

　　通常沖泡後的茶湯需先倒入茶海，再從茶海一一倒入杯中，以保持每杯茶湯的均勻濃度（如圖❷）。

追求健康、
自然、養生

台灣的茶

長久以來，農藥問題始終是消費者揮之不去的夢魘，從蔬菜、水果到茶葉無一倖免；近年我國農委會每年都會辦理茶農安全用藥教育，並抽驗茶菁的農藥殘留量，為消費者嚴格把關。若發現不合格的樣品，會立即通知茶農延後採收，並依農藥管理法查處。

不過，由於近年來台灣茶葉成本高漲，部分茶商不惜在台灣茶內以進口茶葉混充或拼配，其中最大來源為越南或中國大陸，由於生產過程無法監督，往往造成禁藥或農藥殘留過量無法避免的情況。

喝茶要如何減少攝入農藥的機率？專家建議可將第一泡茶湯倒掉，攝入殘留農藥的量就會大幅降低；不過由於第一泡茶葉釋出的兒茶素最多，因此也會失去最多茶葉釋出的營養。品茶若要喝得安心又營養，可選購政府輔導並通過認證的有機茶，不但種植過程未施農藥與化學肥料，生產方式也符合生態環保。

有機茶的崛起

有機茶源於1980年代末期至1990年代初期，是先進國家為維護生態平衡所發展的農業生產模式。要求在生產過程中，不採用基因工程手段，不使用化肥、農藥、生長調節劑等人工合成製劑，不使用輻射技術，完全遵循自然規律與生態學原理，

❶ 作者應邀在年代電視「健康年代」節目，與潘懷宗博士等一起談「健康喝好茶」觀念。

盡量依靠作物輪作及牧畜肥、豆科作物、綠肥、含有礦物養分的礦石等，來維持養分平衡，並利用各種生物、物理措施防治病蟲害。甚至要求在產品的包裝、運輸過程中，不致造成二次污染。

換句話說，所謂「有機栽培」，即遵循自然生態法則的有機農耕種植法，在栽培過程中使用有機肥料、人工除草或運用生物防治法等方式，不使用化肥及農藥，確保栽種環境無污染，因此有機栽種的農作物蘊含土壤中及自然微量生物的豐富養分，絕對有益人體健康。

目前世界各國對有機條件的認定有五大要點，即：無污染的水及空氣、土地必須五年休耕或開發處女地、不使用化學肥料及農藥、人煙稀少的地區及環境優美等。

目前國內有機認證單位已由四個民間團體接手，包括國際美育自然生態基金會（MOA）、慈心有機農業發展基金會（TOAF）、台灣有機農業生產協會（TOPA）、台灣寶島有機農業發展協會（FOA）等。

不噴灑農藥，如何防治蟲害肆虐？鹿谷有機茶農蘇文哲表示：茶葉最大的蟲害為「蟎」，即俗稱的紅蜘蛛，以及俗稱浮塵子的「小綠葉蟬」兩種，對付蟎只需以糖蜜或牛奶讓蟲吃撐而死。小綠葉蟬則需使用香茅草、菸葉或蒜頭精、辣椒粉等驅除，甚至以苦楝油殺死蟲卵等方式。曾獲「神農獎」肯定的坪林茶農王有里則提出「以蟲治蟲」，即「生物防治」的說法，「養好蟲吃壞蟲」。茶改場前場長林木連則補充說，有機茶園在經過一段時日後會恢復生態平衡，自然有天敵可治蟲害。

曾獲2005年「神農獎」的周顯榜，在新店有個占地5公頃的「赤蘭生態茶園」，實際耕作卻僅2公頃。有機概念結合研發精神，首先讓耕地休憩達10年，不使用農藥與化肥，再精心研究溫和烘焙方式，推出「無方」、「舞色」等新茶，創新茶的生命，從「舞色」自然濃郁的熟果香、「無方」不揉捻的葉片都可看出他的用心，令人激賞。

❶ 世界各國對有機條件的認定包括水、空氣、土地及環境優美等缺一不可。
❷ 有機茶認證均明確標示於包裝上方（左為 MOA 發給富源茶園認證 / 右為佛法山一炮紅之國際有機認證）。

茶品檢測與認證

　　為了有效與進口茶區隔，並提升國內茶葉的市場競爭力，行政院農委會除了大力宣導推廣「標準施肥、安全用藥」的觀念，要求各茶區茶葉競賽必須實施農藥殘留檢測，也積極輔導國內茶品通過各種無農藥殘留的檢測認證。例如在2004年大力推動設立GMP優良茶葉製造廠，並輔導茶廠申請綠盾標章或HACCP認證等。讓消費者在選購茶品時，透過包裝上的認證標誌，就可以安心飲用。

　　所謂「綠盾」，就是農委會農試所輔導、經「生化檢驗法」檢驗通過的無農藥殘留標章。而HACCP（Hazard Analysis Critical Control Point）危害分析重要管制點系統，則是國際普遍認定最佳的食品安全管制方法，從原料開始做品質控管的源頭管理。針對產品從生產、製造、包裝、上架、販售等一貫的通路，做良好的管制規範。針對食品生產過程，從土質測試、原料採收處理開始，經由加工、包裝、流通，至最終將產品提供給消費者為止，進行科學與系統化的評估分析，並訂定有效控制措施與條件預防，去除或降低食品危害至最低可以接受的程度。

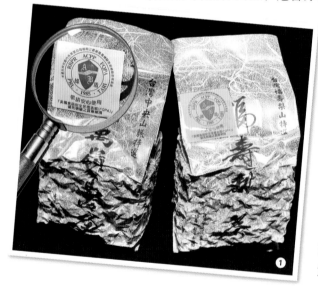

保健茶品異軍突起

　　隨著國民所得的不斷提高，以及消費者對養生的追求，近年以養生為訴求的保健茶品也大行其道，包括客家先民智慧結晶的酸柑茶、柚子茶，或坊間常見的香椿茶、羅布麻茶等。

　　其中最為茶人所知的「佳葉龍茶」，大陸稱為「白金龍茶」，兩者均源自日本早已成為商品化保健飲料的GABA茶，或稱「加碼茶」，不過近年在台灣卻更發揚光大。首位進行加碼茶人體實驗的日籍教授大森正司博士，曾於2004年底前往南投與嘉義兩縣了解台灣佳葉龍茶的產製，並肯定台灣製茶技術讓加碼茶的香氣更勝一籌。

　　其實台灣茶業改良場早在十多年前就曾遠赴日本觀摩取經，但由於日本的綠茶不經靜置萎凋就直接炒菁，殘留的葉綠

----

❶ 國內獲得綠盾認證的茶品均有標章明示（圖為福壽山茶業產品）。
❷ 依據 HACCP 管理辦法，茶葉粗製必須經過嚴格的控管。

素使得製成的加碼茶帶有魚腥味，因此不為注重香氣的國人所喜歡，經過茶改場不斷研發改進，以重攪拌、重發酵方式，將臭菁味去除後，才開始輔導國內茶農生產，終於成為國內另類喝茶的新選擇。

佳葉龍茶是在無氧狀態下發酵的茶葉，保留「加碼胺基丁酸」、簡稱GABA的成份，由大森正司博士十多年前以人體試驗其成份及作用，提出長期飲用有降血壓的效果，在日本風行至今。台灣除了農委會茶業改良場等相關單位外，中興大學區少梅教授也曾獲行政院國家科學委員會專案計畫補助研究，並經茶改場與各鄉鎮農會積極輔導茶農產製，由南投縣名間鄉成立第一個加碼茶產銷班，此後各地茶區也陸續有茶農跟進，其中尤以嘉義縣的劉家佔與簡勝郎最為著名。

近年積極勤走兩岸推廣生態茶、有機茶的佛法山開山宗長聖輪法師，也在所屬的坪林山外山有機生態茶葉農場廣為製作佳葉龍茶，並將GABA音譯為「嘎吧茶」之名對外販售。

其實佳葉龍茶只是一種製茶技術的改良，而非特殊茶種，包括烏龍、金萱、鐵觀音等不同茶種，透過真空發酵「厭氧處理」製作方式，都可以製成佳葉龍茶。而根據日本的研究報告指出，佳葉龍茶裡面至少含有300毫克以上的GABA元素，據說對更年

期婦女身心障礙，以及一般人的焦慮、憂鬱、失眠具有極佳功效。

❷

此外，近年隨著品飲普洱陳茶的風氣日漸普及，也間接帶動了台灣陳年老茶的買氣；過去不及去化的烏龍茶、包種茶，潛藏陶甕或地下埋藏塵封數十年以後紛紛鹹魚翻生，一時都成了奇貨可居的珍品，受歡迎的程度與普洱陳茶不相上下。

其實在烏龍茶普遍清香化、發酵度越做越輕的今天，台灣老茶不僅以陳穩的豐姿熟韻受到資深茶人喜愛，喝陳茶養生的說法也甚囂塵上。儘管顛覆了台灣茶一向「以鮮為貴」的觀念，卻也逐漸受到消費者的認同。例如以藏茶豐富著稱的「官韻」茶業，近年就紅遍兩岸三地，市場銳不可擋。

因此手上若有超過「最佳賞味期」或已逾保存期限的茶品，大可不必急於丟棄：只要褪去包裝，將茶葉直接置入未上釉的陶甕內貯藏，經過多年後取出，也可以跟普洱陳茶一樣，成為別具風味的台灣老茶。🍃

---

❶ 佛法山開山宗長聖輪法師近年積極推廣的嘎吧茶。
❷ 陳年台灣老茶近年深受歡迎，從四兩罐裝到大型陶甕珍藏都有一定市場。

台灣特色茶區分布一覽表：

縣市別	特色茶名稱	產地
台北市	木柵鐵觀音	木柵區
	南港包種茶（清香型製法）	南港區
新北市	文山包種茶（濃香型製法）	坪林區、石碇區、深坑區、新店區、汐止區
	石碇美人茶	石碇區
	石門鐵觀音	石門區
	海山龍井茶、三峽碧羅春、海山包種茶	三峽區
	龍壽茶	林口區
桃園縣	龍泉包種茶、酸柑茶	龍潭鄉
	秀才茶	楊梅鎮
	武嶺茶	大溪鎮
	白毫烏龍、壽山名茶	龜山鄉
	拉拉山高山茶、梅台茶	復興鄉
	金壺茶	平鎮市
新竹縣	紅茶、綠茶、六福茶、柚子茶	關西鎮
	長安茶	湖口鄉
	東方美人茶（白毫烏龍、膨風茶）	北埔鄉、峨眉鄉、橫山鄉
苗栗縣	苗栗烏龍茶（原明德茶、仙山茶、龍鳳茶、巖茶的統稱）	造橋鄉、獅潭鄉、大湖鄉、銅鑼鄉、三義鄉
	苗栗椪風茶（白毫烏龍）	頭屋鄉、頭份鎮、三灣鄉
	酸柑茶	頭份鎮、獅潭鄉
台中市	梨山茶、福壽長春茶、典藏黑金	和平區

（參考資料：行政院農委會茶業改良場）

南投縣	凍頂茶、貴妃茶、紅水烏龍	鹿谷鄉
	松柏長青茶（埔中茶）	名間鄉
	竹山烏龍茶、竹山金萱、杉林溪高山茶	竹山鎮
	二尖茶	中寮鄉
	玉山烏龍茶	水里鄉、信義鄉
	玉山珠露茶	信義鄉
	青山茶	南投市
	日月紅茶	魚池鄉
	霧社盧山烏龍茶	仁愛鄉
雲林縣	雲頂茶	林內鄉
嘉義縣	梅山烏龍茶、梅山金萱	梅山鄉
	阿里山珠露茶、竹崎高山茶	竹崎鄉
	阿里山烏龍茶	番路鄉、阿里山鄉
高雄市	六龜茶	六龜區
屏東縣	港口茶	滿州鄉
宜蘭縣	素馨茶	冬山鄉
	五峰茶	礁溪鄉
	玉蘭茶	大同鄉
	上將茶	三星鄉
花蓮縣	天鶴茶、鶴岡紅茶、蜜香紅茶、蜜香綠茶、白牡丹、柚香茶	瑞穗鄉、富里鄉
台東縣	福鹿茶、紅烏龍、佛手茶	鹿野鄉
	太峰高山茶	太麻里鄉

台灣北部特色茶園

北部 熟火喉韻正欉鐵觀音

木柵

　　無論近景的樹林或是遠景的101大樓，都沉浸在春天薄弱的陽光中，從指南山頂到樟山寺的上端，碧綠如洗的晴空出乎意料的持續著，透過纜車的透明外框宛若一幅幅顏料交疊的刀筆畫。跨越動物園後，膠著的畫面才開始如潑墨般地暈開：稀疏的茶園、濃密的樹叢都留戀地向後倒退。蜿蜒的山路在觀景窗內逐漸拉進，密集的茶肆招牌摩肩接踵在交叉路口爭奇競豔，點綴著外觀各異的處處茶坊，果然，終點站貓空到了。

　　台北市木柵區的「貓空」，向以鐵觀音茶名聞遐邇。其實鐵觀音在中國大陸大多指茶樹品種，而台灣鐵觀音則偏重在製法上，即無論採梅苳、四季春、硬枝紅心等其他茶種，凡以重發酵、重焙火、著重熟火喉韻的「球型」包種茶皆稱之，但以木柵所種植的鐵觀音茶種（紅心歪尾桃）製作的等級最高，製成的茶品稱為「正欉鐵觀音」。

　　鐵觀音原產於福建安溪，至清朝光緒年間的日治時期，才有本土的張迺妙茶師，受木柵茶葉公司委託，前往安溪引進茶苗，並在木柵指南山上的樟湖種植，由於土質與氣候環境均與安溪原產地相似，所以種植繁衍擴充非常快速，茶園面積逐年驟增，遍及獅腳、草楠、內外樟湖、貓空、待老坑及阿泉坑一帶。從指南宮後方俯瞰廣闊的山谷，翠綠披蓋分明的茶園錯落山坡樹叢之間，可說是煩囂的台北都會中，難得的茶鄉景觀了。

❶ 搭乘貓空纜車前往木柵找茶，不時可見稀疏的茶園。
❷ 正欉鐵觀音經過多次團揉成球形，茶面油亮異常（長弓岩礦壺/100℃水溫沖泡）。

木柵鐵觀音雖來自福建安溪，但近年安溪鐵觀音為迎合一般民眾對「清香」的偏愛，已有明顯「綠茶化」的趨勢，發酵度嚴重不足，除了標榜「蘭花香」外，該有的韻味與口感早已消失，一般多以「綠觀音」稱之。

　　所幸今天在台灣，鐵觀音仍保留了重發酵、重焙火的傳統作法，製程也最為繁瑣：從日光萎凋、室內萎凋後，經浪菁、炒菁、初揉、布包團揉＊、解塊、文火複乾、複揉；乃至初焙、揀枝、複焙、毛茶等冗長過程，尚需再耗費十餘天加以精緻焙火。初焙未足乾時，茶葉用布塊包裹揉成球形，並用手在

＊把茶葉用布巾包緊成圓球狀，再以機器不斷擠壓搓揉，目的是讓茶葉成份產生變化，讓茶葉滋味、香氣更濃厚。也稱熱團揉。不過鐵觀音的布包團揉與一般烏龍茶的布包團揉無論機具或手法都不盡相同。

布包外輕轉揉捻，再將布球茶包放入文火焙籠上徐緩進行反覆烘培，使葉形彎曲緊結，茶中成份藉焙火溫度轉化香與味。長時間布包造就的輕微二度發酵，更使茶葉由花香轉成花果香，並成就鐵觀音無可取代的「石鏽味」，也就是俗稱的「觀音韻」或「官韻」，雖經多次沖泡仍能芳香甘醇而有回韻。

其實鐵觀音在原鄉安溪本為「似條非條、似球非球；條中帶球、球中帶條」的半條型，東渡台北後，由於茶農常需跋涉山區，過於膨鬆的條型茶不利運輸才在製茶時以布包團揉、縮小體積，逐漸演變為球型。此外，木柵鐵觀音由於茶葉經過多次團揉成球形，粒粒如豆，茶面油亮異常，擲入杯中也常會發出叮噹清脆的聲響。

本身特有的弱果酸及桂花香，以及因焙火所產生的熟火香，飲來特別沉穩，正是正欉鐵觀音的正字標記。而各家茶農所產製的鐵觀音，則更因不同技術而呈現不同口味，從熟香、冷香至捻杯香都極富變化，茶湯呈琥珀金黃，深受茶人的喜愛。

貓空所屬的木柵指南里，也是台灣第一處觀光茶園。全區有完整環繞且四通八達的產業道路，加上詳細標示指引的綿密登山步道與舊時保甲路，沿途綠樹成蔭，道路且通往所有茶農住所與茶坊，天氣晴朗時尚可鳥瞰整個台北市區，甚至遠眺至淡水河畔的觀音山，堪稱今日台北市南區最重要的休閒指標了。

❶ 貓空山坡地的鐵觀音茶園。
❷ 茶農在貓空茶區採摘春茶。

① 北部 清香獨具包種茶

南港

　　台北市南港區是清香型包種茶的故鄉，從清朝光緒年間的1885年開始萌芽，鼎盛時期茶園面積曾高達300餘公頃。而且由於南港地質多含有灰石層，所生長的茶葉帶有礦石味，因此南港包種茶就帶有所謂的「石仙氣」而為人們津津樂道。可惜在坪林文山包種茶崛起後，南港包種茶逐漸被遺忘。尤其在1940年代末期，茶葉外銷量大幅銳減，南港茶農與茶工紛紛轉業，更使得南港茶業蕭條。儘管1982年正式成立南港觀光茶園，期望恢復舊有生機，但近年卻每況愈下，茶區最重要的地標「南港茶葉製造示範場」甚至因傾塌而成了危樓，令人鼻酸。但南港仍是台灣最古老的茶區之一，應是無庸置疑的。

　　南港茶山位於與汐止相鄰、海拔約200～300公尺的舊庄里，俗稱「大坑茶山」。而今天南港地區的觀光茶園農戶，也主要分布在舊庄街二段，少數則在南深路及研究院路二段。經營型態則維持較單純的茶園自製自營方式，栽種的茶樹品種以青心烏龍為主，其他尚有四季茶、鐵觀音、武夷茶、水仙、金萱、翠玉等。

　　提到南港包種茶，就不能不提到台灣包種茶發明人之一的魏靜時。魏家第五代傳人魏誠說，1910

❷

❶ 南港舊庄街沿途可見綠意盎然的觀光茶園。
❷ 魏靜時後裔魏誠手工製作的清香型包種茶（三古默農岩礦壺/90℃水溫沖泡）。

年日據政府明訂「清香型製法」與「濃香型製法」爲台灣包種茶兩大製造法，前者即爲南港式製法，以魏靜時爲元祖；後者文山式製法則以王水錦爲元祖。

魏、王兩人延續福建安溪茶商王義程所創的茶葉包裝，即茶葉製成後採用方紙兩張內外相襯，置茶四兩包成長方形的四方包，再蓋上茶名與嘜頭印章而稱爲「包茶」，以避免香味流失。由於南港的青心烏龍品種俗稱種仔茶，內裝種仔茶則稱「包種仔茶」，至日據時代爲統一地理與產業名稱，將閩南語常用的「仔」一律去除，「南港仔」地名因而改爲南港，「包種仔茶」也改爲「包種茶」了。

　　魏誠取出日據時代留下的史料表示，1916年台灣總督府殖產局以「南港式包種茶製造法」作爲台灣茶葉製造技術的母法，強制要求茶農學習，並指定南港大坑栳寮地區爲「包種茶產製研究中心」，由總督府經費補助建立「南港大坑栳寮製茶場所」，聘請魏靜時擔任茶葉製造講師。當時以紅磚砌成的製茶場歷經多年風霜，依然完整保留至今，斑剝的容顏與一旁綠意盎然的魏家茶園相映成趣，也是台北都會難得一見的景觀。

　　屬輕發酵的南港包種茶，無論熱泡與冷泡皆宜，熱水泡法盡量以蓋杯或大碗沖泡，待自然冷卻後飲用，以「冷甘又香」、不苦不澀且圓滑者爲上品。而冷水沖泡則最能呈現包種茶的色、香、味，通常以冷開水浸泡40分鐘即可飲用，但茶量以「看茶泡茶」爲主，茶量不可過多。而茶湯沖泡之後，茶葉色澤依然鮮綠無損點且葉面依然完整的，就是上品的南港包種茶了。

❶ 南港大坑栳寮製茶場所遺留的早年製茶照片（魏誠提供）。
❷ 日據時代留下的「南港大坑栳寮製茶場所」年久失修，令人鼻酸。

北部 台灣龍井與碧螺春

三峽

在茶葉的國際市場上，台灣向以清香獨具的烏龍茶傲視全球，其實綠茶也不遑多讓，在早年罐裝飲料尚未普及之際，以綠茶加茉莉花而成的「香片」，就是當時台鐵各級列車上最受歡迎的熱水即沖飲品，且大多來自新北市的三峽。

打開台灣茶葉發展史，早在日據時代的1919年，台灣就有綠茶的出口，只是當時統治者唯恐台灣優質綠茶足以威脅日本國內綠茶的利益，因此頗多壓制，至1944年間的年平均輸出量僅26,000多公斤而已，遠低於烏龍茶、包種茶與紅茶的產製與出口。直至日本戰敗，1949年撤退來台的國府軍民礙於兩岸隔閡，就近尋找他們在大陸慣喝的「炒菁綠茶」，才讓三峽的綠茶鹹魚翻身，以當地獨有的「青心柑仔種」，仿製中國龍井與碧螺春綠茶而大受歡迎，滿足了來台軍民的思鄉情緒，內銷市場也一片榮景。

尤其1948年美商「協和洋行」在台灣設立分行，將炒菁綠茶大量銷往北非，開創了台灣綠茶的黃金時代共20年，1950年更躍居出口大宗茶類，1963年出口量甚至還高達600多萬公斤。1970年以後北非市場雖大幅萎縮，但適逢當時日本靜岡綠茶不足國內所需，因此大量來台採購蒸菁綠茶，鼎盛時年出口量且高達13,000噸以上，大小綠茶廠更高達300家。至1973年以後台灣綠茶才逐漸式微，盛況再度為烏龍茶所取代。

事實上，遠在清朝同治7年（1868），英國商人杜德就已在三峽廣植茶樹。當時茶葉採收後，先由茶農在自家加工製成粗茶，以街市為集散地，透過中盤商沿淡水河而下，送往台北大稻埕精製包裝後再銷往國外。至1949年以後三峽轉變為「產

❶ 三峽茶園許多已為檳榔樹所大量侵蝕。

銷分離」的形式，茶農只管種植與採收，製茶則全部交由茶廠處理，三峽成福路更因此形成了全台唯一的「茶菁交易市場」景觀：從2月春茶收成至10月秋茶結束期間，每天都有茶農背著布袋裝滿茶菁前往成福路，讓各地趕來的各茶廠負責人就地議價交易，買賣雙方依茶菁色澤與老嫩程度細心評比檢視，每每造成嚴重塞車的熱絡場景。

不過今日三峽茶園面積已大為減少，茶市也早已消失在1990年初期。由於年輕就業人口大量流向都市，加上採茶工資高昂影響茶葉生產，以及農民廣植檳榔樹等因素，海山地區原本2,500公頃的茶園猝降至目前的250公頃左右，而稱得上「茶廠」的也僅存個位數。徒留大小林立的茶行在成福路上，見證昔日茶市的輝煌。

三峽「正全製茶廠」第四代掌門李謀全，指著前方跨越橫溪

的「成福橋」回憶說，三峽茶園與茶市長久以來多集中在橫溪
兩岸的成福一帶，最興盛的時期則在1976〜1981年之間。當時
每逢茶葉採收季節，從各地蜂湧而至的茶商，往往將斯時尚為
吊橋的成福橋擠得水洩不通，盛況可以想見。

　　話說洞庭碧螺春的「洞庭」，指的並非洞庭湖，而係中國
江蘇太湖內的兩座大島「東洞庭山」與「西洞庭山」所產製，
據說早在隋唐時期即享盛名，迄今已有千餘年的歷史，「碧螺
春」之名且為清朝康熙皇帝南巡蘇州時所御賜，作為極其珍
貴的貢品。其特色在於所產茶葉具有特殊的花朵香味，且全部
以早春時期的嫩芽「一旗一槍」即一心一葉製成，再經茶工雙
手反覆揉、搓、團、炒，直至葉條緊密捲曲如螺為止，而且必
須當天炒製完畢，以保持茶菁新鮮度，具有「香氣馥郁、回味
甘冽」的特色。不過李謀全卻信心滿滿地表示，儘管三峽碧螺
春以一旗二槍的形式採製，炒青與揉捻工序也全部改以機器取
代，質地卻更為柔嫩且清香味甘，絲毫不輸洞庭碧螺春。

❶ 三峽成福橋在過去輝煌歲月往往被收購綠茶的商人擠得水洩不通。
❷ 三峽碧螺春（左）與太湖碧螺春（右）外觀上的差異。
❸ 三峽本為台灣唯一的龍井（左）產地，外觀卻與杭州龍井（右）大不相同。

杭州龍井茶的製造要領為「手不離茶、茶不離鍋、揉中帶炒、炒中帶揉、炒揉結合」，連續操作後起鍋烘乾而成。而三峽龍井茶則係採摘春秋兩季青心柑仔種的一心二葉嫩芽，不經發酵直接殺青揉捻，外觀新鮮碧綠帶油光，茶湯呈黃綠色，明亮清澈，滋味活潑。除了炒、揉、捻等工序外，三峽綠茶尚多了一道碾壓的過程，製成外型扁平狹長且具白毫的劍片形綠茶，與杭州龍井無論在外形與風味上均大不相同。

　　今日三峽普遍種植的青心柑仔，是台灣特有的茶樹地方品種，茶菁質地柔嫩、色澤碧綠，因此茶葉品質香高味醇，外型纖細捲曲、白毫顯著。目前主要銷往德國、美國、加拿大等國。

　　在製茶的過程上，與烏龍茶做日光萎凋不同，綠茶所收茶菁入場後先做室內萎凋，再以機器炒青。炒菁後的茶葉必須以塑膠袋密封讓水氣蒸發變軟，如此以機器揉捻才不致揉碎，最後置入大型烘乾機烘焙半小時即大功告成。

　　而綠茶的飲用也並非一定要使用熱水沖泡，成福路上所有茶行在夏季幾乎都盛行「冷泡法」。冷泡的碧螺春風味獨具，許多前往三峽旅遊或工作的民眾，往往都會在路過時購買些許綠茶，取6、7片茶葉置入礦泉水的保特瓶內，就可以達到生津解渴的目的，不僅香氣與入喉的韻致絲毫不遜於熱茶，據說冷泡後的三峽綠茶且更為甘甜，因此近年深受現代上班族的喜愛，除了方便飲用外，專家分析說由於茶葉中帶甜味的胺基酸分子，在冷水中會先釋出，而苦澀味來源的單寧酸與咖啡因則較不易釋出，使得冷泡茶口感較為甘甜的緣故。

即便以傳統方式熱泡綠茶，水溫也不可過高，高於80℃時，茶葉中的咖啡鹼會大量溶出，因此沸騰的滾水應先放涼些再沖泡爲宜。大約70℃左右即可，才能沖泡出含有健康成份又好喝的綠茶。而且最好不要使用鐵壺作爲容器，因爲鐵分子會與熱茶中的丹寧結合，破壞茶的原味。

三峽茶區可大別爲東北區與西南區，東北區即成福、白雞、溪南、溪北等里，以前述的成福最大。溪南區則包括五寮、插角、有木等里，而以紅龜面山所在的有木爲多。

有木里茶農徐俊才說從上一代起，親友就紛紛前往都市討生活，留下的茶園既未改種檳榔，也不願低價出售土地，只能任其荒廢、自由生長，因此今天在當地，舉目所見幾乎都是一大片一大片被棄置的茶園。少了人類的灌溉滋養，竟也生長得濃密壯碩，且高度均超過成人，生命的韌性令人驚異不已。

早於1985年即榮膺十大傑出青年農民的徐俊才表

❶ 三峽有木里的有機茶園。

示，他的茶園雖然不大，但從不噴灑農藥，平日只有勤除草，並施以黃豆粉等有機肥料，因此他頗為自得地表示「全部都是有機茶」。只是不噴農藥如何除蟲？他的回答也頗出乎意外，「蟲吃剩的茶葉再摘採製茶」！因此每季產量不過200、300斤，既不必依賴茶販前來收茶，也不用辛苦營銷，少量的茶品總是很快被熟客們親自開車上山買走，且不斷口耳相傳，直客越來越多。

跟著他走進山坡上的茶園，在看似祥和潔淨，且嚴整有序的茶樹叢中，茶葉果然被小綠葉蟬狠狠叮咬得

體無完膚、不成茶樣，因此所做出的美人茶或蜜香綠茶等，蜜香與熟果味格外濃郁明顯。

紅龜面山從三峽知名的「大板根」森林溫泉區附近，循著蚯蚓蟠蟠的產業道路蜿蜒而上，進入山區後，陡峭的路旁不時仍可發現被棄置的茶樹三三兩兩，高度都在一層樓以上，孤伶伶地散發出茶葉的清香，偶有台灣藍鵲低空略過，「ㄎㄧㄚㄎㄧㄚ」的叫聲一路相伴，令人驚喜。

跟著徐俊才提著開山刀，在紅龜面山之巔，一路披荊斬棘進入早年所留下的整片荒廢茶園，這才驚喜地發現，原來被人類無情棄置的老茶樹，皆早已自然融入森林之中，彷彿野生茶樹一般。最高的約莫四層樓高，最低也超過兩個成人的高度，令人驚異。其中直徑超過40公分的大茶樹約莫十來株，單從肉眼觀察，就遠比坪林茶業博物館內展示的台灣老茶樹照片大上許多，從樹幹的腰圍及高度來推斷，部分應有近兩百年的樹齡了，稱之為台灣的栽培型老茶樹王應不為過，也是北台灣最重要的茶文化自然遺產吧？

由於未經相關農業專家或學者實際鑑定，很難確知它們的實際樹齡，徐俊才說，大部分係他的曾祖父早於台灣尚未割讓予日本的1895年前所種，小時候祖父也曾告知，之前就留有部分更早栽種的茶樹。只是無法得知究竟係先民從唐山移植過來，抑或早期英商所栽種，當地居民均暱稱為「南洋仔」。冒險爬至樹上觀察，果然是大葉的阿薩姆種，隨手摘採兩片樹葉置入口中輕咬，一股熟悉的苦澀味頓時直衝腦門，讓愛茶成痴的我頓時充滿虔敬與感動，熱淚差點奪眶而出。

❶ 三峽有機綠茶香氣濃郁飽滿，茶湯特別透亮。
❷ 紅龜面山上的老茶樹已逐漸回歸為原始森林生態。
❸ 三峽紅龜面山上的老茶樹高度大多在三、四層樓以上。

清秀婉約文山包種茶

北部

坪林

　　台灣茶界早有「北包種、南凍頂」之說，指的是坪林文山包種茶與南投鹿谷的凍頂烏龍茶，兩者皆為台灣茶的翹楚；其中坪林更因擁有全球最專業的茶業博物館，多年來一直是東亞各地茶人必遊的聖地。只是在2005年北宜高速公路通車後，原本作為台北、宜蘭之間最大中繼站的坪林，不僅重要性驟降，包種茶的行銷也受到嚴重衝擊。因此地方政府特別自2006年起，每年春、冬兩季各舉辦一次「坪林包種茶節」，希望將清末傳承至今的深厚茶文化，結合生態保育的好山好水，再度推向兩岸與國際舞台。

　　從進入坪林後立即映入眼簾的採茶人雕像，到橫跨北勢溪的坪林拱橋旁一字排開的茶壺雕塑，清楚地向所有遊客宣示「坪林茶鄉到了」，而每年包種茶節也在此地盛大登場。舊時的「文山地區」包括今日坪林與台北市的南港、木柵兩區，加上新店、深坑、石碇等地，近3,000公頃的茶園分布在海拔400公尺以上的山區，已有兩百多年的種茶歷史，也是台灣製茶的最早發祥地。

　　一般而言，包種茶的香氣特別幽雅而飄逸，外形條索緊結，葉尖自然彎曲，幼心芽連理，茶葉色

❶ 沿著山坡地種植的坪林茶園。
❷ 進入坪林後立即映入眼簾的採茶人雕像。
❸ 橫跨北勢溪上的坪林拱橋與北側一字排開的茶壺。

澤暗綠且帶有素花香。茶湯則呈蜜綠或金黃色,開湯後香氣尤其濃郁。茶湯入口時先有蘭桂花香經由口腔而透出鼻腔,加上經由文火烘焙的香氣,使茶味更顯甘醇潤滑。

　　文山包種茶的最大產區坪林,種植的茶葉以青心烏龍為主,並以「芽嫩柔軟」成為包種茶的上等茶種,目前年產量約150萬～200萬公斤,從事茶葉或相關行業的人數高達全鄉總人口數的九成以上;綿延的茶山不僅「產業道路五百里、條條道路通茶園」,坪林老街至今還保留了傳統的「茶販」行業,作為北台灣最負盛名的茶鄉,也傳承了文化與歷史的特殊意義。

　　專家指出,要體驗坪林包種茶的清香滋味,必須以科學的眼光與角度先聞茶香、再看茶色、後嚐滋味。坪林包種茶外觀形狀須條索緊結整齊、葉尖捲曲自然,而色澤須「鮮豔墨綠帶麗色,調和清淨不滲雜;綠葉金邊色隱存,銀髮白點蛙皮生」。至於茶湯,也要「蜜綠鮮豔浮麗色,澄清明麗水底光;琥珀金黃非上品,橙黃碧綠亦純青」。

　　與中國杭州茶科館、漳州天福茶博館、日本靜岡茶之鄉博物館並列為世界四大茶葉主題博物館,於1997年元月開幕的「坪林茶業博物館」,占地2.7公頃,是坪林最能吸引國內外遊客的最大賣點。主建物為一座閩南茶鄉安溪風格的四合院建築,由展示館、活動主題館、多媒體館、茶藝館與推廣中心五個單元組合而成;此外,主建物後方尚有座生氣盎然的坪林生態園區。

　　展示館是茶業博物館的主體，包含茶史、茶事、茶藝三個展示區，以模型與實物的交錯展示詳盡介紹：「茶史區」將茶葉承傳、中國歷代製茶、茶儀、茶葉文化與商務發展，從古至今層次分明的舖成。「茶事區」則詳述茶的專業知識，從茶種、茶葉分類、茶葉成份與製造，至茶葉產銷、評鑑等。「茶藝展示區」則包括茶與茶器到飲茶的禮儀、茶藝文化等。

　　茶藝館區則包括「中國精緻庭園區」、「茶藝館」及「戶外品茗區」三部分，以紫竹樓與月明樓兩棟仿古建築為中心，在曲徑、假山、飛瀑、角亭、修竹之間，構成一座江南古典庭園式的品茶區。

　　博物館後方的生態茶園區內，建有奉祀茶郊媽祖的「思源台」，係台北市茶商工會自清朝供奉至今的茶郊媽祖分靈於此，也是坪林茶農與茶商最大的心靈寄託。

❶ 坪林茶業博物館入口處的茶字百態展示。
❷ 坪林茶業博物館內的古代製茶工藝模擬蠟像。
❸ 坪林茶業博物館的江南古典庭園品茶區。
❹ 坪林茶業博物館後方奉祀有茶郊媽祖，是當地茶人最大心靈寄託。

北部 山清水秀茶之鄉

石碇

　　石碇茶區包括潭腰、塗潭、大湖、彭山、豐田等地，一年僅採3季，除了清明左右的春茶與11、12月的冬茶，製作為條型包種茶外；必須倚賴小綠葉蟬「著蜒」的美人茶居然在穀雨前後，即春茶採摘後不久就直接採摘，比起新竹北埔、峨眉一帶的東方美人茶（芒種至端午之間）足足早了1、2個月。更令人意外的是：石碇美人茶的原料並不限茶種，青心烏龍、金萱、翠玉等各種茶樹，都可以做出金琥珀湯色的香醇茶品，閩南語俗稱的「蜒仔氣」卻絲毫不減，除了自然散發出的迷人蜜味香氣，又不失傳統包種茶活潑甘醇的特色，乾茶外觀也呈現了繽紛的五色。委實讓人跌破眼鏡。

　　位於北宜公路沿線的潭腰與塗潭茶區，儘管隸屬於新北市石碇區，卻與石碇老街相距甚遠，許多石碇朋友甚至不知兩者的存在。其實由翡翠水庫上游鷺鷥潭、塗潭、直潭所環抱的茶園，優美的湖光山色絕不遜於中部的日月潭，只是在北宜高速公路開通後，似乎更快被遺忘了。

　　潭腰位於北宜公路27公里處下方，塗潭則更為深入，均介於坪林與石碇之間，地理位置可說十分尷尬，卻能夠充分結合特有的湖光山色，刻意順著山坡動線營造出優美的八卦等圖案，並以極富特色的茶園造景，創造出獨特的茶品。

　　世居潭腰的曾仁宗說，當地茶園早

❶ 石碇是北宜公路沿線的重要茶區。
❷ 石碇美人茶並不遜於新竹北埔的東方美人茶。
❸ 由翡翠水庫上游鷺鷥潭、塗潭、直潭所環抱的潭腰茶園。

於1971年翡翠水庫規劃興建前即已存在，1987年水庫興建完成後，集水區將原本相連的山坡地分割為數個分離的小島，茶農大多被迫遷往高處，一如中國大陸興建長江大壩般，就連祖先留下的四合院古厝也從此淹沒水中。不過樂天知命的茶農依然留在潭腰繼續耕耘，才有今日讓專業攝影家都為之驚豔的茶鄉美景，多處孤島也連接水天一色成就蓬萊仙島般的勝境。

曾仁宗說石碇種植茶樹以青心烏龍為主，金萱、翠玉次之，四季春較少，但幾乎都以機採方式採茶。茶農目前共約30餘戶，唯一的茶葉產銷班也僅有26位成員，但由於每戶參賽並不限點*數，加上班員的熱情參與，每年在石碇老街舉辦的茶葉競賽往往高達千餘點。

石碇還有項特殊茶品，就是當地茶農多年前為突破包種茶產銷困境，大膽地將過去曾經有人嘗試、卻始終未能成為氣候的「急凍茶」，作為茶園的主力產品，果然一炮而紅，讓絡繹不絕上山尋幽訪勝的遊客趨之若鶩。

不過目前產製急凍茶的農戶並不多，僅有世居當地的曾仁宗、周建宗，以及三十多年前才從雲林移居此地的莊清和等3家。作法只需在包種茶乾燥過程中急踩煞車，將已經萎凋、殺青、揉捻完成，但尚未乾燥完全的茶葉迅速放進冷凍庫中急凍，如此不僅能完全保留輕發酵包種茶特有的花香，香氣也更為清揚。

不過由於銷售急凍茶必須備有大型冷凍庫，因此鮮少有茶商願意批發採購。所幸優美的茶園風光受到許多攝影家青睞，當一張又一張精彩照片在網路披露流傳，漂鳥網「清晨，薄霧

*每1點需提供22斤成茶參賽。

籠罩在茶園與水庫中，如同潑墨山水畫中的仙境；黃昏，則可見夕陽與斑斕奪目的晚霞，在平靜無波的湖水上，相映成絕美的圖畫」的描述，吸引了絡繹不絕的遊客，成為在地行銷的最大客源。

年僅35歲的曾仁宗說家族本姓葉，父親係從母姓而名曾水龍，與大伯葉照雄等三兄弟胼手胝足打造了北台灣最漂亮的茶園。他說父親某次在名間鄉，看到全自動的大型萎凋架頗為心動，卻礙於價格太高而作罷，返家後居然福至心靈地親自設計，打造了文山區第一座半自動萎凋架，不僅造價低廉，方便性與靈活性也絲毫不差，吸引鄰近茶農紛紛前來取經，父親也從不吝於分享並幫忙製作。原本讀建築並曾在建築業工作的曾仁宗，在父親英年早逝後毅然回到石碇接下茶園。承襲了父親製茶的技術與堅持，也頻頻獲獎；他說為了無農藥殘留的好茶能繼續留香，拚了命也要將家族傳承的茶園繼續發揚光大。

1987年茶業改良場林口分場遷至石碇區格頭里，並於1984年更名為「文山分場」正式運作後，大幅提升石碇在茶界的地位。分場不僅在茶園生物防治、茶樹生理與施肥機制，以及條型包種茶與半球型包種茶生產技術等改善多所助益。近年地方政府與農會也都用心舉辦「美人茶節」與「石碇茶鄉饗宴」等活動，期盼美人遲暮的石碇鄉，在升格為直轄市石碇區後，真能像看板上霸氣十足的「國色天香、風華再起」標題般，再造茶藝復興的第二春。

❶ 石碇茶區多以機採方式採茶。

北部 硬枝紅心鐵觀音

石門

台灣最北端依山臨海的新北市石門區，也是早期北台灣重要的茶葉產地；由於區內多屬丘陵地，在起伏的山坡之間早已遍植茶樹，且以盛產烏龍茶著稱。日據時代茶園面積不斷擴充，更成為北台灣外銷紅茶、綠茶與珠茶的主要產地。儘管1950年代以後，台灣紅茶在外銷市場上嚴重受挫，使得茶園一時荒蕪，茶農也紛紛轉業。但1970年代以來，拜內銷茶葉市場興起之賜，石門的茶業再度受到重視，加上地方農會的大力推動，已逐漸重振昔日茶鄉的風采，遍地茶園再度呈現渥綠簇簇的盎然生機，令人欣喜。目前以產製甘潤清醇的石門鐵觀音茶為主，茶園面積約300公頃。

不過，石門鐵觀音無論茶樹品種、製法、外觀與韻味，都全然不同於紅心歪尾桃製作的木柵鐵觀音。石門鐵觀音的「原料」係於1919年由福建安溪引進的「硬枝紅心」品種，是早年自福建引進的台灣四大名種之一，品質並不遜於正欉的紅心歪尾桃，葉片形狀與金萱及翠玉相近，只是鋸齒較為銳利。

硬枝紅心顧名思義其枝較所有的茶樹都來得「硬」了許多，因此在石

❶ 石門茶區大多種植在海岸台地的背側，終年汲取山水的靈氣卻免於海風的直接吹襲。
❷ 石門地區茶農多為自種自產自銷，茶廠與古厝相互輝映。
❸ 石門區農會推廣的白瓷甕藏陳年鐵觀音（古川子岩礦壺/100℃高溫沖泡）。

門茶區所看到的採茶景象，絕對足以顛覆一般人印象中的手採或機採方式，而是以園藝使用的大型剪刀「剪」茶，讓茶菁順勢「跌」入長條型紗網，頗為耗時費力的採茶方式不僅在全台獨一無二，就連採茶歷史悠遠的對岸也絕無僅有。

由於茶樹種植在海岸台地的背側，終年汲取山水的靈氣卻免於受海風的直接吹襲，因此長久以來造就出別具一格的風味。在製法上，石門區農會自1991年將電爐烘焙法改良為人工炭火烘焙，並堅持採用龍眼木炭，得以去除茶葉多餘的水氣及雜味，產生獨特的濃甘香氣以閩南語稱為「鐵仔氣」，全然迴異於木柵鐵觀音的「石鏽味」。

硬枝紅心在日據時期作為紅茶、綠茶外銷，1960年代後則製作為紅水包種茶，至1980年擔任當地農會推廣股長的李兆杰極力爭取並說服茶農，也取得茶業改良場的輔導協助，硬枝紅心正式改製為鐵觀音茶。李兆杰當時力排眾議的主張，就是硬枝紅心「芽少葉厚」，適合製成味道醇厚、甘潤微澀的鐵觀音，濃醇的熟火滋味果然受到愛茶人的青睞，可說一炮而紅，才徹底改寫了石門茶業發展的走向。

不過由於硬枝紅心的汁液甚多，目前在台北市萬華區開設「八鼎」、以炭焙技藝享譽業界的李兆杰說：需以麻布袋蓋住，底下用瓦斯蒸熟（當地茶農以閩南語稱為「燉」）後，才

能進行熱團揉，以布球包邊燉邊揉、底下加溫，讓茶汁產生變
化，燉後拆散再揉共需30次以上、費時72小時才能完成；工序
之繁瑣絕對超過木柵鐵觀音。

　　由於硬枝紅心鐵觀音往往需陳放3年以上才會釋出最佳飽
滿的喉韻，因此石門鄉茶農大多備有陶甕大量藏茶，而今日石
門鐵觀音也多數以陳茶方式出售，例如區農會推廣的就是以白
瓷甕藏的陳年鐵觀音。而李兆杰更以緊壓方式製成有如普洱
人頭茶形狀的石門鐵觀音茶品，每顆約1斤重，也頗受茶人喜
愛。

❶ 石門茶農以園藝使用的大型剪刀「剪」茶，讓茶菁順勢「跌」入長條型
紗網的採茶方式，在兩岸可說絕對獨一無二。
❷ 依山臨海的新北市石門區是早期北台灣重要的茶產地。

北部 百年茶廠龍泉茶

龍潭

　　從清朝開始的桃園種茶史，可說源遠留長，包括大溪鎮的武嶺茶、復興鄉的梅台茶、楊梅鎮的秀才茶、平鎮市的金壺茶，以及龍潭鄉的龍泉茶等，都曾創造紅極一時的「北部茶」輝煌。其中龍潭的龍泉茶不僅曾以「龍泉飄香」金字招牌紅遍國內，名列「台灣十大名茶」之一，也是北台灣歷史最悠久的茶區之一。至今仍留下多所百年茶廠，以一根根高聳入雲的斗大磚造煙囪，見證昔日的榮光與悠悠歲月。

　　所謂「春雨、陽光，疊疊翠綠掩山崗；泥壺、素杯，白雲朵朵飄茶香。」龍潭鄉的茶園大多集中在高原村、三水村、三和村、竹窩子等地，即俗稱的「銅鑼圈」，在平均海拔300～400公尺高度的丘陵紅土台地上，與錯落其中的客家三合院斑燦老厝相互輝映，種植面積約占桃園全縣的66％。

　　龍潭丘陵地區獨特的「紅土」地質呈酸性，並不適合一般農作物的生長；但本身排水性佳、富鐵質，再加上龍潭溫和多霧以及雨量充沛的氣候，成了種植茶樹最天然且最優良的環境。日據時代以迄光復後的1970年代，就曾以大量的綠茶或紅茶外銷聞名於世，為台灣賺取了可觀的外匯；今日則以「龍泉包種茶」續領風騷。但茶園已從全盛時期的3,600公頃減為今日的1,100公頃；種植茶樹品種以青心大冇為主，烏金次之，再次為黃金烏龍與黃柑。

　　由於地勢高亢平坦，全年高溫多雨；且拜淡水河支流大漢溪所賜，每日晨昏都有薄霧籠罩，濕氣滋潤與茶葉生長「長相左右」，因此所製成的茶葉品質醇厚、純香甘冽。不僅在1982年榮獲全台「機採優良包種茶」冠軍而聲名大噪，次年更獲時

❶ 龍潭著名的「竹窩子」茶區。

任省主席的李登輝前總統命名為「龍泉茶」。今日龍泉茶主要也以輕發酵的條型包種茶為多，半球型烏龍茶次之，近年更因茶業改良場的積極輔導，而有「龍潭膨風茶」的問世。

今日龍潭鄉農會每年均舉辦「優良包種茶比賽」與「膨風茶」的技術競賽，但包裝上市的「龍泉茶」則全部以包種茶為主。茶葉呈翠綠色、外形稍帶彎曲狀，金黃色的茶湯滋味不僅甘醇，且深具活性。

座落於三和村沃綠簇簇的茶園環抱之間，已有百年歷史的「協益製茶廠」，目前已傳承至第四代的徐福政，他說先祖帶著他的曾祖父徐水三兄弟在清朝光緒年間來台，就以龍潭肥沃的紅土地以及經年雲霧繚繞的天候條件，積極開墾種茶，並孕育優質茶菁製成一等的好茶，以紅茶與包種茶為主。並早在日據時期的1915年（民國4年）即正式擁有工廠登記，鼎盛時期徐家茶園面積且曾高達200公頃。1938年即獲得日本官方舉辦的全台灣茶葉比賽最高榮譽的「一等賞」，頓時驚動台灣茶界，列為當時鄉里的極大榮耀。

另一家百年茶廠「福源製茶廠」位於凌雲村，儘管在1949年台灣光復後才正式取得工廠登記，但創辦人黃財盛早在清朝時就移民來此開墾種茶，至第二代黃維和

於1920年代開始設廠，至今也有將近百年的歷史了。

　　走進龍潭著名的「竹窩子」茶區，遠遠就被高聳入雲的巨大煙囪所震撼，紅牆黛瓦的外觀，乍看彷彿典型的客家民居，走入大門後，才頓時被近600坪偌大的廠房，以及與密集排列的大型機具所震撼。例如客家話稱「撿骨機」的古老風選機已有五十多年歷史、十數座製作紅茶或綠茶的英國傑克遜式大型揉捻機，也有四、五十年的歲月了，目前都仍虎虎生風地繼續服役中，沉穩的鏗鏘聲響則不斷溢出濃郁的茶香。

　　主人黃文諒說，福源早在1949年就有大量的紅茶產製，最鼎盛時期約在1951年至1961年間，

❶ 座落於三和村的協益製茶廠至今已有百年歷史。
❷ 福源製茶廠也是近百年的大型老茶廠。
❸ 協益製茶廠的徐家先組早在日據時代就榮獲製茶「一等賞」的殊榮。
❹ 龍潭茶鄉的客家古厝與茶園相互輝映。

每季產量高達30～40萬斤，大多為外銷，目前每季僅餘二、三萬斤左右，足足少了九成以上。而且龍潭的紅茶、綠茶大多採用小葉種的青心大冇品種來製作，而非大葉種的阿薩姆。今日除了大宗的紅茶、綠茶產製外，也有烏龍茶、鐵觀音以及德國人趨之若鶩的「煙茶」等。

所謂煙茶，顧名思義是經過煙燻製作的茶葉，細梗粗葉，外觀呈黑色，散發著撲鼻的煙燻香味，黃文諒說外國人喜愛的就是那一股濃烈的煙味。煙茶其實經歷了全發酵紅茶所有萎凋、炒青、揉捻、發酵、烘乾等諸道工序，再加上燃燒松枝與木炭慢慢燻製而成，令我當場大開眼界。

其實龍潭煙茶的由來原本純係「無心插柳」，他說早期由於烘烤過度而帶有濃濃的煙香，反而在德國等地受到瘋狂喜愛，因此陸續下單來訂製。不過黃文諒說他所生產的煙茶純粹以手工製作，原料為紅茶。基本上外銷僅作為「原料」，因此煙燻味特別濃烈，目前全部銷往歐洲，產量則依訂單的多寡來決定。外銷德國後當地茶商再用紅茶加以拼配、包裝，味道就稍淡了。

黃文諒說由於龍潭鄉的包種茶產量有限，且大部分工序必須以手工製作，大廠根本無法生存，因此龍潭近年大力推廣的龍泉包種茶反而沒有生產。他說原本龍潭、關西、楊梅一帶都是外銷紅茶的大宗，目前則有大部分茶農改製膨風茶，夏季且有北埔、峨眉一帶的茶廠前來搶原料，因而福源的夏茶只好停擺。他說過去一直都是大廠壓小廠的情況，每季生產四萬斤以上的綠茶，只有夏茶才做紅茶，而且銷路始終長紅，但如今都

只能追憶了。

　　福源製茶廠也有酸柑茶的製作，卻與頭份一帶的酸乾茶有著截然不同的外觀，光滑渾圓且無鐵絲痕，像極了黑褐色的車輪，聞起來又有一股淡淡的茶葉與陳皮清香。黃文諒解釋說，一般製作酸柑茶，均使用原本挖下的柑皮作蓋子，爲了防止蓋子在蒸烤過程中脫落，當然須以鐵絲綁緊了。

　　黃文諒的作法則是捨棄原本挖開的柑皮，另外挑選外觀看來較差的虎頭柑，切下較大的柑皮作蓋子，如此才能塞入已經填滿茶葉的半成品上，讓兩者無須綑綁就能完全密合，之後再將它們一一排好，蓋上層層堆疊的木板，並以重物緊壓成扁圓型。而且每蒸一次就要取下蓋子再加料，因此成品特別飽滿。他笑著說一般酸柑茶是越蒸越小，他的卻是越蒸越大。其他的蒸、烘、烤等工序則大致相同，但成本顯然要高出許多了。

❶ 黃文諒與他光滑渾圓且無鐵絲痕的酸柑茶。
❷ 福源製茶廠的酸柑茶必須反面烘烤以免蓋子溢出。

北部　孕育台灣好茶

楊梅

從19世紀風靡全球的Formosa Oolong Tea，到今天名揚四海的烏龍茶、高山茶與紅茶，台灣無論茶葉品種或製作方法經過不斷的改良與發展，都有了令人刮目相看的成績，也是台灣加入WTO後，唯一轉型成功的精緻農業，目前年產值已超過30億元，列入農委會積極拓展外銷市場的旗艦農產。除了茶農、茶商與各民間團體的努力打拚外，行政院農委會茶業改良場可說居功厥偉。

事實上，今日台灣茶業市場已走向烏龍茶為主流的時代，半發酵（或稱部分發酵）茶的發展且已臻於極致，並從而流傳或影響到中國大陸、日本、韓國、新馬、歐洲、美洲等地，掀起了世界性的烏龍茶熱潮。就連外國人士近年也競相來台取經，希望發展半發酵茶產業。茶業改良場前場長林木連就曾透露，包括琉球、越南、美國、泰國及日本，都曾要求與台灣技術合作發展茶產業。而台灣區製茶公會前理事長徐發政也表示，1998年公會前往杭州參加第一屆「中國茶博覽會」，所帶去的茶品就曾以

❷

---

❶ 座落楊梅的行政院農委會茶業改良場。
❷ 茶改場保留的建物古蹟堪稱台灣茶文化的重要資產。

無比的清香讓對岸大為折服，不僅從此打開中國市場的大門，也造成中國各界對台灣茶的風靡盛況。

林木連認為台灣茶特有的香氣以及爐火純青的發酵技術，讓習慣喝紅茶或綠茶的外國消費者都大感驚豔。他說日本人喜歡喝的綠茶因為不發酵，幾乎沒有香氣；歐美消費者慣喝的紅茶，卻又發酵過頭導致香氣流失，唯有台灣的半發酵茶能保留住濃郁的香氣，而贏得「台灣茶，世界香」的稱譽。

創立於1903年、前身為日據時期的「台灣總督府殖產局草湳坡製茶試驗場」，今日則隸屬行政院農委會的「茶業改良場」位於桃園縣楊梅鎮，占地20公頃，不僅作為台灣茶葉主要的栽培中心，也是台灣唯一的茶業試驗研究專業機構，目前且設有文山、台東、魚池等三座分場，以及位於鹿谷的凍頂工作

站等，現任場長為陳右人。

　　林木連表示，茶葉原本從中國大陸引進，卻在台灣發展成一個具有特殊製造工藝的產業，並不斷朝向精緻化、高級化發展，今日風靡俄羅斯的「台茶18號」紅玉就是一個很好的例子。他說台灣茶除了蓬勃的國內市場外，擴大國際行銷的版圖更是不可避免的趨勢；過去台灣茶農大部分的心力都放在生產，現在則多已了解行銷的重要性，而茶改場的開班培訓也已開設相關課程。

　　其實楊梅鎮早有1996年命名為「秀才茶」的烏龍茶品，位於秀才窩、矮坪仔一帶，與新竹縣新埔鎮僅一線之隔，茶園面積約180餘公頃，由於無法與高山茶競爭而逐漸沒落，地方政府近年則積極推動觀光茶園，希望提升休閒農業的發展。🌱

❶ 已有 50 年歷史的茶改場「紅茶微量試驗製作工廠」。
❷ 建於日據時代至今已 70 高齡的「紅茶化學分析室」。

北部 水蜜桃與茶香共舞

拉拉山

　　提到北橫公路上的拉拉山，朋友們第一個想到的必定是水蜜桃吧？沒錯，桃園縣最高海拔的復興鄉由於氣候冷涼、土壤肥沃，加上時常有霧氣瀰漫，非常適合種植溫帶水果，也是台灣最著名的水蜜桃之鄉。每年6～8月份，滿山遍野的水蜜桃或粉或紅，在不太高的樹上結實纍纍擺出誘人的姿態，令人垂涎欲滴。特色為果形大、底部渾圓、柄部有溝，不但果肉柔嫩多汁，且香味濃郁，最受饕客喜愛。

　　不過，水蜜桃一年僅有一收，且經常必須面對大雨或颱風的肆虐打擊，因此約從四、五年前開始，農民利用較平坦的農牧用地，改栽種一年可收成3、4次的茶葉，希望能提高收入，堪稱是全台最新的茶區了。儘管2010年才首度舉辦製茶比賽，首屆參賽也僅47點，不過帶有高山茶鮮活香氣的烏龍茶，卻令許多愛茶人眼睛為之一亮，被喻為茶葉界的明日之星。

　　其實復興鄉早有茶葉的產製，早先茶園且大多集中在梅花簇簇的台地上，故總統蔣經國還因而賜名為「梅台茶」，無論香氣或口感均有一定的評價；可惜在高山茶崛起後逐漸沒落。因此拉拉山茶區的興起，地方均寄予深厚期望。

　　台灣省茶商業同業公會聯合會創會理事長呂志強說，近年來台灣茶在國際市場上已供不應求，為了滿足市場需要及提高農民收入，他特別在2007年深入台灣各山區調查林相，尋找地目、海拔高度、坡度、溫度、濕度，以及地質等適合茶葉生長的山區。發現桃園縣海拔1,000～1,500公尺的拉拉山緯度高、氣候冷涼，年平均溫度16～18度，濕度達90度，且日夜溫差高達10度以上，林相保持完整，土壤屬於石礫土，排水性特佳，

❶ 拉拉山是台灣著名的水蜜桃之鄉，近年才開始有茶樹種植。

適合種植高品質的茶葉。因此毅然投入開發，期望能與梨山並列為全台最高品質的新興茶區。

從台北經中山高速公路轉台66線往大溪方向，過慈湖後走台7線北橫公路，順著蜿蜒的山路緣溪行，無論早春的櫻花璀璨或深秋的楓紅層層，甚或冬季的梅花簇簇，自然生態豐富的拉拉山總是以風情萬種之姿相迎。位於桃園縣復興鄉與宜蘭縣、新竹縣、新北市的交會處，拉拉山在泰雅族語為「美麗」之意，1975年8月更名為「達觀山」，由於擁有全台灣面積最大的紅檜森林，政府特別在1986年成立「達觀山自然保護區」至今。

拉拉山茶區包括巴陵、光華部落、新興部落、三光村等中高海拔地區，以三光的10公頃為最多。種植茶樹以青心烏龍為主，僅三光一帶有少量的玉觀音，均為人工手採方式。目前總種植面積約40公頃、年產量約4萬斤，多為半球型烏龍茶，預估兩年後能提升產量達10萬斤以上。呂志強並與復興鄉農會及拉拉山茶葉產銷班合作，為拉拉山烏龍茶建構品牌及包裝設計，舉辦拉拉烏龍茶比賽，輔導茶農做生產履歷、農殘檢驗等。

經過茶農辛勤深耕、手採、細搓、輕揉、慢烘、勻焙後，拉

拉山所產茶葉外觀緊實勻整、葉面肥厚，果膠質濃；乾茶色澤鮮明、光澤油潤；沖泡後茶湯澄黃明亮、活潑豔麗，水質甘甜柔軟，特殊花香與果香飄而不膩，濃郁持久、喉韻強，與梨山茶的品質不相上下。葉底肥厚且明顯有光澤。擔任首屆製茶比賽評審的茶改場主任楊盛勳且讚譽說，拉拉山烏龍茶滋味甘醇、不會苦澀，綜合來看「有阿里山高山茶之品味」。

　　呂志強則認為拉拉山擁有獨特的神木群風景區，加上附近大溪慈湖兩位蔣故總統陵寢的聲名，陸客自由行開放後，香醇又耐泡、且品質足以媲美大禹嶺茶的拉拉山茶，必能如水蜜桃般受到老饕們的青睞，更為桃園縣帶來觀光與農業的發展，我們且拭目以待。

❶ 拉拉山潮濕冷涼，50公尺深的土壤均為豐富的有機層腐質土，且表層長滿青苔。
❷ 暖陽與落霧終年滋潤的拉拉山三光茶區。
❸ 拉拉山高山茶無論香氣與喉韻均足可媲美大禹嶺茶（江玗創作壺／95℃水溫沖泡）。
❹ 拉拉山在泰雅族語為「美麗」之意，種植茶樹以青心烏龍為主。

北部 老街風華長安茶

湖口

綿延不斷的紅磚洋樓寂靜地沐浴在夏日狂野的陽光下，鮮明的巴洛克風格在眼前一字排開，交瓣錯弧的一重重圓穹拱頂，與長串迴廊交錯重疊的光影綿延不斷，在相機小小的觀景窗內呈現強烈的超現實意境。

湖口老街是目前台灣保存最爲完整的老街之一，建於日據時期的1913～1915年。因鐵道開通設站而興起，再因鐵路轉移而凝止在原來的時空，繁華一時的老湖口，從1893年劉銘傳開通鐵路的一百多年來，嚐盡了幕起幕落的冷暖滋味。而同樣曾經名噪一時的長安茶，也不敵近年高山茶的興起而大幅沒落，茶園從原本300公頃降至今天的50多公頃；讓我想起唐朝大詩人李白的詩「總爲浮雲能蔽日，長安不見使人愁」。

長安，不就是大唐盛世的京城所在嗎？其實位於新竹縣最北端、丘陵地帶氣候土質非常適宜種茶的湖口鄉，包括長安、湖口、湖南等村，產茶一樣有著百多年歷史。不過卻直到1984年才因長安村地名而命名爲「長安茶」，主要種植茶樹爲青心烏龍、金萱、翠玉等，每年採收春茶（4月）、夏茶（6月）、白露（8月）、秋茶（10月初）與冬茶（11

❶ 湖口老街是目前台灣保存最為完整的巴洛克式建築老街之一。
❷ 湖口已有一百多年的種茶歷史。

月）等共五次，近年且多以機採方式採茶，每季生產約70公噸茶葉。

長安茶區一向產製分離，茶農專心種茶，由唯一的共同經營班組成「湖南茶葉生產合作社」，統一收購茶菁製茶，再批發予外地茶商，近年地方政府大力推動觀光休閒產業，零售遊客或透過DIY製茶體驗的方式也漸趨熱絡。

年逾七旬的羅美燃是生產合作社主席，也是製茶廠主人，儘管地處閉塞的鄉下，但「現代化」設備可一點兒也不含糊：例如傳統採茶必須一一磅秤計價，羅家卻有專門的「地磅」，

貨車進入後即可測出茶菁數；占地170坪的日光萎凋場一樣懸有防紫外線的黑網，再加上100坪的包裝場，以及殺青、揉捻等機具。偌大的茶廠全由客家三合院伙房改良而成：門額上醒目的「豫章堂」堂號提醒來客「主人是羅姓客家人」。儘管早已被歲月抹上厚厚的滄桑斑痕，斑剝的牆垣在陽光熾烈的陰影下顯得更為蒼老，部分茶菁在老厝前的禾埕萎凋，場景依然讓我感動萬分。

不過，跟竹苗地區大部分半球型烏龍茶製作方式相仿，長安茶廠不使用南投凍頂一帶的「熱團揉」，而採用較早的「筒球機」，因此烏龍茶較為蓬鬆，外觀介於包種與凍頂之間。

話說湖口街屋幾乎每戶都擁有一口水井，大多坐落天井牆邊；緊鄰的兩家也往往隔牆共同掘成大圓井，而各自使用半邊的「半圓井」。在羅家茶廠我也發現源源不斷的淙淙山泉水，用來泡茶特別甘醇潔淨，羅美燃說湖口山泉水蘊量豐富，茶園除非遭遇大旱，否則一般是毋須灑水的。

離去時原本覆蓋在茶園上方的一大朵烏雲已經不見，陽光恣意揮灑在老街洋樓古拙蒼勁的山頭壁飾之間，正如擁有百年歷史的長安茶，也正積極揮去陰霾，努力迎向陽光。

❶ 羅美燃在自家古厝前做日光萎凋。
❷ 採茶後統一收購裝車載到羅家茶廠產製。

北部

北部　東方美人的故鄉

北埔、峨眉

原本被視爲茶樹害蟲的「小綠葉蟬」，曾是台灣茶農的心頭大恨，每年芒種後就會大量出沒在各地茶園，專門吸食茶樹嫩葉的汁液。禁不起牠的深深一吻，茶葉就會像被吸血鬼搾乾的軀殼，無法用來製作「正常」的烏龍茶，而遭到無情的棄置。不過節儉勤樸的客家先民卻不甘於丟棄，還將發育不全的茶芽與茶葉，以重萎凋、重攪拌以及高達75％以上的重發酵手法，做出台灣獨有的茶品「白毫烏龍」，意外地在日據時代的總督府賣出天價而被鄉親斥爲「膨風」，更在英國皇室造成震撼。醉人的蜂蜜香與熟果香，讓原本毫無賣相的茶葉鹹魚翻生，成爲清末迄今外銷市場上所向披靡的「東方美人」。

白毫烏龍主要產於新竹縣的北埔、峨眉兩鄉，主要以青心大冇爲原料，包裝上的名稱則各自不同：如北埔茶農稱「膨風茶」，峨眉茶農則統一以「東方美人茶」爲名。「膨風」在客家語中原爲「誇大」、「吹牛」之意，命名的由來，據說是在日據時期參加茶展時，被台灣總督府相中，並以高出數倍的價錢蒐購，因而造成產量少、價錢卻高的「膨風」典故。也有地方耆老指出，當時台灣總督府以鄉長月薪20倍的天價，將參展的北埔膨風茶全數

❶ 成就「美人」的代價，是無數客家婦女頂著酷暑的高溫豔陽，以手工摘採所得。
❷ 膨風茶的好壞決定於小綠葉蟬熱吻的程度。

收購，消息傳回北埔，地方人斥之爲「膨風」吹牛，經報端披露證實後，「膨風茶」之名才逶傳千里，並流傳至今。

而「東方美人」的由來，則相傳係百多年前，英商將膨風茶呈獻英國皇室貴族，由於外觀豔麗，沖泡後宛如絕色美人在水晶杯中曼妙舞蹈，品嚐後且讚不絕口而賜名，信不信由你。

19世紀末至20世紀初曾爲新竹第二大城的北埔，與峨眉、寶山三鄉過去合稱爲「大隘」，清朝中葉時曾有璀璨的街市與城郭。儘管今日繁華不再，但整體依照傳統風水觀點所建造的攻防性老聚落，以及客家風情、文化傳承等，悠悠古風今日仍隨處可見。例如象徵閩客先民族群攜手的拓墾精神、列入國家一級古蹟的「金廣福公館」；以及建於清朝道光16年（1836）的二級古蹟「天水堂」等。

又名「浮塵子」的小綠葉蟬僅有針眼般大小（2.5毫米左右），身體呈黃綠色，觸角灰褐色，複眼是灰白色；過去在台灣各地茶園非常普遍，尤其夏天高溫氣候最適合牠們滋生蔓延，披著青綠的舞衣跳躍青蔥的茶葉之間，以刺吸

式口器吸食芽葉的幼嫩組織汁液，同時也分泌唾液，使得茶樹芽葉生長與發育雙雙受阻：生長緩慢，茶芽變小變硬、茶芽顏色變黃。此外，小綠葉蟬主要吸食梗與葉緣，留下比針眼還要小的圓點，而吸過的葉緣會捲曲。

不過茶業改良場卻研究發現，茶葉經小綠葉蟬叮咬後，殘留的唾液能使茶品散發出迷人的蜜味香氣，即閩南語俗稱的「蜒仔氣」。而茶樹本身的治癒能力使得葉芽的「茶多酚類」活性增強，「茶單寧」含量也明顯增加，成就著蜒茶的獨特風味。

製作膨風茶與一般烏龍茶最大的不同，就是在殺菁後多一道以布包裹、置入竹簍或鐵桶內的「炒後悶」，也就是一般

❶ 典型的東方美人條索完整、五色繽紛，茶湯為亮麗的金琥珀色。
❷ 僅有針眼大小的小綠葉蟬，曾是台灣茶農的心頭大恨。
❸ 象徵客閩先民族群攜手拓墾精神的金廣福公館。

茶農所說的「靜置回潤」或稱「濕悶」的二度發酵程序。而製作一般茶類每斤（600公克）茶葉僅約需1000～2000個茶芽，但椪風茶卻至少需要3000～4000個茶芽，4斤茶菁才能做1斤成品，且幾乎全由鮮嫩的心芽所製成，含有豐富的胺基酸，茶湯因而明顯具有甘甜爽口的風味。

曾連續多年勇奪膨風茶特等獎的峨眉資深茶農徐耀良說，要獲得良好的「著蜒」，必須兼顧三個層面，其一為地形，呈凹槽狀的地形，溫度必然較高，小綠葉蟬自然也會較多。其二為避風，強風吹襲的地方必然不會有小綠葉蟬棲息活躍。其三為溫度，夏天溫度高，尤其在芒種後小綠葉蟬最為活躍，「著蜒」的程度自然最佳。

膨風茶採摘被小綠葉蟬叮咬過的嫩茶芽，即客家話稱「著涎」、「著蜒」或「著煙」的茶菁，閩南語則沿用稱為「蜒仔」；尤以芒種至大暑間（約端午節前後10天）的一心二葉茶菁製成最佳；而小綠葉蟬叮咬的程度愈重，製出的茶品滋味就愈豐富。

徐耀良表示，75～85％發酵度所產製的膨風茶，發出的果香較為清純，茶湯甜度與甘味也較適中，入喉則溫柔滑潤。他說典型的白毫烏龍品質特徵帶有天然的熟果香，茶湯呈鮮豔的橙紅或琥珀色，滋味具蜂蜜般的甘甜後韻。白毫肥大的外觀則擁有豔麗的紅、白、褐、綠等四色，頂級茶且再加上黃色，形狀自然蜷縮如花朵，因此也常被稱為「五色茶」。

手中藏有最多台灣老茶的「官韻」茶業，現任掌門江德全有次攜來兩款東方美人陳茶要我品賞，陳期分別為15年與30年左右。迫不及待打開柴燒陶甕聞香，15歲的「美人熟女」仍留有濃香撲鼻的蜒仔氣，30歲的「資深美人」則已轉為陳茶幽香，但兩者均保有明顯白毫，前者甚至還保有完整的五色繽紛。以相同條件沖泡後觀看茶湯，前者呈現亮麗動人的金琥珀色，後者則轉為紅酒般的琥珀。輕啜一口入喉，前者龍眼蜜香依然飽滿甘醇，後者儘管蜒仔氣不再，但湯質渾厚滑順，具熟果香的風韻更為迷人，讓我大感驚奇。

其實以傳統工序製作的東方美人，不僅需有多次重萎凋及不停攪拌，原料也非得採著蜒的一心二葉不可，加上製作過程的吐菁及兜水，乾燥後成茶含水量絕對低於其他茶類，因此久藏後無須焙火仍能保有濃濃蜜果香。🍃

❶ 室內萎凋過程的膨風茶茶菁。
❷ 膨風茶的發酵過程。
❸ 膨風茶的殺菁工序。
❹ 官韻 15 年（左）與 30 年（右）陳期的東方美人外觀與茶湯表現。

北部 外銷紅茶的輝煌

關西

　　早期曾因許多民眾口耳相傳的「摸骨相命」，而一度聲名大噪的新竹縣關西鎮，不僅曾在清朝末年創下台灣墾拓史上，罕見由原住民與客家人攜手開發的成功案例。也是全台排名第一的「長壽之鄉」，自日據時期至今，八十歲以上人口始終維持千人以上，今天百歲人瑞且高達11人，九十歲以上的老人家也將近250人。

　　好山好水的關西，更是早年台灣茶外銷鼎盛時期最重要的產製重鎮，勤勞儉樸的客家人在氣候濕暖的關西紅土上種植茶葉，至今也有百餘年歷史了。早先以外銷為主的紅茶與綠茶為大宗，包括日本煎茶在內；至1960年代後產製的烏龍茶或東方美人茶，甚或由李登輝前總統親自命名的「六福茶」等，都曾是外銷市場的寵兒。可惜1980年代以後，市場結構從外銷轉為內銷，加上國人多偏愛高山茶等因素，使得關西茶業由炫燦歸於平淡，茶園從4,300公頃大幅萎縮至今日的200公頃，原本茶香飄搖的丘陵幾乎被大型主題樂園或高爾夫球場所鯨吞，茶廠也從35家驟減至6家。

　　所幸今天關西仍保留了兩家超過70歲的老茶廠，繼續在歷史的洪流與環境的變遷之中，逐漸轉型為兼具茶葉產製與觀光休閒的文化產業，見證台灣茶葉外銷曾有的輝煌。那就是成立

❶ 關西曾是台灣最重要的紅茶之鄉。
❷ 關西茶園近年已大為減少。

於1937年的「台灣紅茶公司」，與1936年創立的「錦泰茶廠」。

乍聽之下彷彿官股事業的台灣紅茶公司，其實是關西羅家所創的本土私營企業，前身為日據時期的「台灣紅茶株式會社」，今天除了持續每年生產十萬斤以上的茶葉外銷外，也完整保留了當年的紅磚廠房，屹立在車水馬龍的中山路與老街之間，並名列新竹縣歷史建築十景之一，現任掌門為第三代的羅慶士。

羅慶士表示，儘管公司於1937年才正式成立，但之前就自有茶園，提供茶菁給合作洋行。他說當時台灣各地茶廠多半僅將茶菁製成毛茶，經由茶販轉售至台北大稻埕精製，再透過洋行或日本商社行銷至世界各地，茶農或茶廠的利潤受到層層剝削。為了解決其間的不合理現象，並爭取地方茶廠的最大利益，他的祖父羅碧玉乃毅然在1937年，號召羅氏家族為主要股東，會同羅家所經營的茶廠及地方仕紳，以羅家近百甲赤柯山茶園為後盾，共同出資出力組成「台灣紅茶株式會社」，並在大稻埕成立聯絡處辦理外銷事宜，直接與國外買家接觸，不再透過洋行或商社仲介，堪稱當時少有的創舉了。

羅慶士說早在1930年代，台灣紅茶就已作

為運往日本的「獻上茶」（貢品），關西紅茶還在1935年被選為最受歡迎的外銷農產品。他說公司所建立的精緻茶廠，生產符合國際規格的紅茶，同時創立自有品牌「台灣紅茶」，1938年即榮獲台灣總督府頒發「再製紅茶特等賞」。而日據時代以迄光復初期，公司直營或合作的茶廠超過十九家之多，經過粗製、精製、拼堆、包裝後的紅茶，大量外銷日本、美國、歐洲及澳洲等地，每年直接外銷的茶葉高達百萬磅，當時同業無人能出其右，更擠身為當時全台十大貿易公司之一。1950年代綠茶更成功外銷北非利比亞、摩洛哥、沙烏地阿拉伯，以及東非的衣索匹亞等國，歷年來外銷抵達的港口多達八十多個，遍及全球五大洲，成功地將台灣茶葉推向國際舞台。

廠長羅慶仁補充說，1970年代後公司引進日本煎茶技術與機具，造就了當時台灣煎茶外銷日本的盛況，光是1971～1981年間，日本每年12,000噸的煎茶，台灣供應量就占了六成。1980年代後更獨家研發以健康為訴求的精製蒸菁綠茶粉，外銷日本至今盛況始終不墜。不過他說紅茶的產製並未停歇，盒裝外觀至今也沿用50年前設計的圖案，同樣深受國內外消費者的喜愛。

❶ 1937年建立的台灣紅茶公司紅磚廠房今昔對照。
❷ 台灣紅茶公司展示的舊有外銷茶樣。
❸ 台灣紅茶公司以早年外銷木箱圖案所設計的包裝深受喜愛。
❹ 大型老照片與舊有文物構成豐富的茶文化展示空間。

　　由於大環境的急遽變遷，茶菁供應量嚴重不足，使得大型茶廠盛況不再，台灣紅茶公司乃於2004年，將閒置的部分木造廠房與倉庫改為「茶葉文化館」，將舊有的製茶機具、包裝、茶箱、賞狀，以及外銷噴字的鐵皮嘜頭等文物，配合老照片與相關文史資料做完整的展示，並不定期舉辦畫展或音樂會。

　　羅慶士表示，儘管有一大部分廠房已改為文化館，台灣紅茶公司目前依然維持茶葉的產銷，包括春、夏、秋三季，每季約產兩萬斤。

　　而屹立關西牛欄河親水公園南畔，比台灣紅茶公司更早一年成立的錦泰茶廠，目前傳承至第三代的羅吉銓說，1936年祖

❶ 台灣紅茶公司內的茶葉文化館傳承台灣茶業發展經驗。
❷ 錦泰茶廠近千坪的廠房部分改為茶葉歷史文物館。
❸ 錦泰茶廠今日已成功轉型為觀光茶廠。
❹ 錦泰老茶廠宛如火車頭狀的大型蒸菁機今日十分罕見。
❺ 整齊排列的置茶籠筐在錦泰茶廠內娓娓訴說曾有的風光歲月。

父羅景堂以一介茶農，憑著無比的毅力與勇氣，於關西中山路上創立茶廠，開張後第四年就榮獲新竹郡聯合茶品評會紅茶二等賞，受到日本洋行等激賞，從此開啓紅茶外銷的風光歲月。至1955年更擴大規模遷址於中豐路現址迄今。

儘管已成功轉型爲觀光茶廠，廠房也挪出部分空間成立茶葉歷史文物館，錦泰茶廠的生產線卻從未停歇，除了紅茶、綠茶外，碳焙烏龍茶、老柚茶與茶油也是近年深受青睞的主力產品。尤以龍眼木炭烘焙的高山烏龍茶、竹香撲鼻的「竹筒炭焙茶」最具特色，香味馥郁且滋味甘醇，入喉後的回甘生津更是持久不退。

近千坪偌大的廠房，保存了許多早年珍貴的製茶設備與史料，包括數十具大型揉捻機、殺青機、桶球機；爲使茶葉更具香氣的再炒茶機，還有號稱全國最長的茶葉運送帶，以及兩座宛如火車頭狀的大型蒸菁機等。

廠房正中的文物展示間內，玻璃櫃中擺滿了一甲子留下的茶樣，瓶瓶罐罐映照著台灣茶葉外銷的歷史光芒。牆上則掛滿了日據時期迄今無數的賞狀、錦旗，以及外銷各地留下的包裝、嘜頭*等。

＊爲便於識別，貨物裝卸、運送時所做的標籤。

北部　永遠的老田寮茶

頭屋

返台短暫休假的台商友人彭君，儘管遠赴鐵觀音原鄉安溪種茶已有多年，仍念念不忘家鄉老田寮僅存的茶園，邀我無論如何要前往看看。

老田寮？多麼熟悉又遙遠的名字，「家鄉的茶園開滿花，媽媽的心肝在天涯」，1990年膾炙人口的「魯冰花」悠揚主題曲頓時在耳邊響起。儘管改編自客家文壇大老鍾肇政以龍潭為背景的同名小說，電影卻是在1989年的老田寮拍攝。生於台灣的魯冰花，總是剛開花就被土壤無情地掩蓋，但「身軀歿入土壤」，卻換來「很香很甘的茶」。

座落苗栗縣頭屋鄉的老田寮，由於丘陵地多霧且排水良好，早在清朝光緒年間即已榮登台灣三大名茶之列，也曾是台灣第二大茶區，1970年茶產量僅次於坪林文山而大於鹿谷凍頂。可惜在明德水庫興建完成後就逐漸荒廢，儘管鄉土味十足的老田寮村改名為明德村，老田寮茶也在當時蔣經國總統關愛的眼神下「賜名」為明德茶力挽狂瀾，仍不敵逐漸被遺忘的命運。

從中山高下頭份交流道轉台13線，右轉跨越「明德橋」進入蜿蜒的鄉道，「風很輕，茶園邊的一排排相思樹葉微微搖晃著」，熟悉的電影場景逐漸清晰了起來。頭屋過去有個客家味十足的舊名「崁頭屋」，「崁」在客語為「小崖」的意思，崁頭屋就是位於小崖下的聚落，儘管滄海桑田，至今仍清晰可見溪畔的崁形地貌，看倌可千萬別用國語讀出諧音了。潺潺流過的老田寮溪依舊，只是名字早已換成了明德溪，周邊茶園也從早年的上千公頃降至今日的20公頃，全鄉唯一的茶葉產銷班卻

❶ 從荒蕪中逐漸綻放生機的老田寮茶園。

能屢獲大獎，令我頗感好奇。

　　彭君笑說小時跟隨父母種茶製茶的兄弟，如今大多遠走他鄉另謀發展，反而四十歲出頭、早年未曾吃苦的么弟彭信鈞至今仍堅守家園，並勇奪2008年全台椪風茶製茶比賽特等獎，擊敗了原本最被看好的新竹、桃園兩縣，使得苗栗縣產製的東方美人頓時聲名大噪。地方政府雀躍之餘，還特別在台13線道路旁樹立巨幅看板，讓外來遊客知道「特等茶就在頭屋」，藉此重現過去老田寮茶盛極一時的風光。

　　相較於台北縣三峽、新竹縣關西等其他茶區，茶園不是被大量種植的檳榔樹所取代，就是被新興的高爾夫球場或大型遊樂場蠶食鯨吞，頭屋的茶園卻多半是自然荒蕪而淹沒在雜草樹叢之間。彭垣榜解釋說，由於當地人口逐漸外流或老化，年輕人不願留守家鄉種茶，茶園才會荒廢大半。至於仍留守茶園崗位的叔伯輩們，也多半抱著「加減做」的無為心態，加上茶價競爭力不敵農藥化肥的飆揚，茶園完全粗放管理，頂多就是除除草或依循慣例剪枝罷了。不過他也滿懷欣喜地表示，歷經十多年的生息修養，茶園意外地恢復了原有的自然生態：消失多年的白鼻心、領角鴞、藍鵲等稀有野生動物都回來了，仲夏夜晚也重現螢火蟲晶瑩閃爍的畫面。

　　我走進剛剛修剪過的茶園，周遭不時可見白頭翁、五色鳥、喜鵲等鳥類的蹤影，更意外地在茶樹叢中發現完整的鳥巢，令人驚喜。

　　尤其讓我格外興奮的是，近年由於台灣氣候環境急遽變遷，加上各地茶農大量使用農藥的結果，讓名滿天下的東方美人茶，賴以「著涎」的小綠葉蟬數量銳減；好幾年夏天我帶領學生前往茶園拍攝小綠葉蟬，總要花上半天才能覓得一隻，以往漫天飛舞的景象不再。頭屋茶園卻是唯一可以發現，電影場景中小綠葉蟬披著青綠舞衣跳躍的畫面。正如鍾肇政原著中所描繪的「那是青色的小蟲兒，小得還不夠教一隻小雞需要仰起脖子眨著眼兒才吞得下，而本領卻著實厲害，厲害得足夠叫一個壯健的農人頓足捶胸、束手無策」。

　　腦海中瞬間浮現「魯冰花」的電影情節：美術老師為了讓主角阿明參加繪畫比賽，不惜帶領全班小朋友到古家茶園幫忙抓茶蟲，卻換來鄉長（陳松勇飾）的譏笑「茶蟲不噴灑農藥，怎麼抓得完呢？」

　　彭信鈞取出他獲獎的椪風茶與我分享，茶湯呈琥珀色帶紅，具有濃厚的熟果香味與蜂蜜氣味。熟果著涎的蜜香在舌尖輕轉舞動，飽滿的風韻在喉頭直入丹田，讓我頓時暑意全消。

　　至今已有二十多年經驗的彭信鈞表示，製茶過程中最重要的關鍵在於日光萎凋，攪拌過程更要控制得宜。他說老田寮的春天以製作綠茶、包種茶為主；夏天則為東方美人與紅茶，品質較差的則製成「半頭青」；秋冬則為包種與少量的東方美人。順境而活、順著茶性而製茶，儘管收入不高，卻能苦中作

❶ 老田寮茶樹叢中發現完整的鳥巢，令人驚喜。
❷ 老田寮茶園隨處可見明顯遭到小綠葉蟬叮咬著涎的茶葉。

樂、換得時間多陪家人,那種快樂不是竟日忙碌操勞的都市人
可以想像的。

　　頭屋唯一的茶葉產銷班班長余金星則表示,頭屋鄉種茶面
積雖然大大不如以往,目前班員也僅有15位,卻能不斷朝向精
緻農業轉型,獲獎記錄不斷。茶園環抱的餘家
老茶廠,至今仍高聳著數十年歷史的大煙囪,
廠內也保留了以磚頭砌成、以重油或瓦斯為燃
料的的古老殺菁機,以及數台英國薩克遜式大
型揉捻機。余爸爸驕傲地表示,那些都是台灣
光復初期,締造台灣茶葉外銷奇蹟的英雄。

　　廠內還有一座我從未見過、外觀像是預拌
混泥土機的「橄欖桶球機」,余金星解釋說,
1970年台灣茶業剛剛邁向「半機械化」,頭屋
即以橄欖桶揉捻出來的桶球,或稱「球茶」而
風靡全台,製成的茶葉外觀呈膨鬆的球型,比
今天經「熱團揉」工序製成的半球形
烏龍茶略微膨鬆,又比條形包種茶稍
微緊結些。

　　目前老田寮茶區所種植的茶樹
品種,以青心大冇最多,黃心柑仔次
之。海拔僅有300公尺的老田寮,以青
心大冇製成的綠茶,竟然帶有高山茶才
有的蛋白韻以及濃郁的綠豆香,讓一旁
趕來收茶的資深茶商也嘖嘖稱奇。🌱

❶ 茶湯呈琥珀色帶紅,具有濃厚熟果香與蜂蜜氣味的老田寮椪風茶(劉欽
瑩手拉朱泥壺/85℃水溫沖泡)。
❷ 余家老茶廠至今仍高聳著數十年歷史的大煙囪。
❸ 台灣茶業剛剛邁向半機械化所使用的橄欖桶揉捻機。
❹ 黃心柑仔也是老田寮重要的茶葉品種。

① 解熱保健酸柑茶

頭份

　　頭份也是東方美人茶的著名產地，2011年由桃園縣政府舉辦的「建國百年全國第一屆東方美人茶比賽」，苗栗頭份的資深茶農鄧國權一人即囊括特等獎與頭等三、頭等五，令人感受苗栗縣製茶的不凡功力。而客家先民智慧傳承的酸柑茶也同樣令人感動。

　　每年農曆春節期間，許多人都喜歡買幾個比一般椪柑足足大上一號的「虎頭柑」回家拜拜。整粒看起來彷彿巨無霸般的虎頭柑，由於皮厚、水分多，加上橙紅紅的外表，看起來充滿過節的喜氣，尤其還可以在供桌上持續放上一個月而不變壞，因此作為敬神祭祖並討個吉利好運，相當受到一般民眾的青睞。

　　不過，虎頭柑與食用為主的桶柑或椪柑不同，果肉奇酸無比，一般除了害喜的少婦外，根本沒人能嚥得下去，明顯地「中看不中吃」。因此只要春節一過，因水分消失而萎縮硬化的虎頭柑，十之八九會被無情地當作垃圾棄置。

　　不過勤儉惜物的客家先民卻不捨如此浪費，反而將製茶過程中淘汰下來的「茶角」塞入，製成有如黑茶類普洱茶外觀的酸柑茶，不僅可以「化腐朽為神奇」地放個五年、十年以上，敲碎後沖泡飲用，不僅溫潤爽口，茶香與柑香融合的微酸口感令人回味再三，據說對咳嗽、化痰、解熱都有功效。

　　這就是早在百多年前，客家先民傳承至今的「酸柑茶」，

❶ 特大號的虎頭柑一般僅在農曆春節期間作為敬神祭祖之用。
❷ 用虎頭柑製作的酸柑茶不僅表現客家人的智慧，更是節儉惜物的象徵。

堪稱是台灣特有的「緊壓茶」了。在過去物質尚不充裕的年代，幾乎是桃竹苗一帶客家鄉親家家戶戶必備的保健聖品。只是隨著國民所得的提高，以及成藥的普及，而逐漸被遺忘罷了。

所幸隨著國民所得的不斷提高，以及無毒、有機、養生等觀念的普及，近年來民眾除了追求安全、衛生的茶品外，標榜養生或保健的茶品近年也逐漸風行，使得客家先民留下的寶貴資產酸柑茶又恢復了產製。

頭份「日新茶園」的許時穩，從小就耳濡目染酸柑茶的製法，加上每逢咳嗽不止時，母親就會泡上一杯酸柑茶的童年溫馨記憶，因而矢志將先民惜物愛物所留下的智慧結晶繼續承傳，不僅早在多年前成立全台唯一的酸柑茶產銷班，還四處求教客籍製茶老師傅與中醫，在茶葉中加入紫蘇、薄荷、甘草，使得新一代的酸柑茶更具有保健效果。尤其經國內電子媒體紛紛報導後，酸柑茶更成了今日最具鄉土魅力的天然養生飲料。

許時穩表示，虎頭柑烘乾以後的皮就是古籍所說的「陳皮」，根據中醫的說法，陳皮對咳嗽、化痰等原本就有功效，再加進紫酥等香草類植物更能強化效果。至於虎頭柑挑選與採摘的時間，也大有學問：最好在果實七、八分熟時採下，先在室內擱上幾天，待柑皮呈現些許乾癟與軟化現象後，再進行製作。許時穩解釋說，熟透或過於新鮮的果實含水分高，製作時果皮容易破裂。

不過製作酸柑茶可不容易，許時穩說，第一步是挖果肉；以特製的金屬圓筒在柑橘頂端挖出缺口，保留挖下的柑皮作蓋子，再以杓匙將果肉挖出。仔細濾掉果肉裡的籽，挖出的果肉放進絞碎機絞碎後，再混合以紫酥、薄荷、甘草等攪拌過的茶

葉，回填至挖空的柑仔內。此時塞得圓鼓鼓的柑仔，蓋上原本
的柑皮後，還得用鐵絲仔細綑綁，再將五花大綁的酸柑茶送進
蒸籠：一蒸、一壓、一烤，再蒸、再壓、再烤，每天重複同樣
的動作，天氣好時尚須將酸柑茶拿到陽光下曝曬。

❶ 以特製的金屬圓筒在柑橘頂端開口挖果肉，是製作酸柑茶的第一步。
❷ 茶葉加上加入紫蘇、薄荷、甘草等攪拌混合，新一代的酸柑茶更具有保健效果。
❸ 將茶葉再回填至虎頭柑塞滿。
❹ 將塞滿茶葉的虎頭柑以鐵絲細綁後放入蒸籠內蒸熟。

①

　　歷經「九蒸九曬」不斷的蒸、曬、烘、壓，酸柑茶一共9
次工序才能完成，總共需費時3個月。許時穩說蒸熟、蒸透的
酸柑茶，才經得起長期陳放。渾圓的外觀因不斷乾燥、緊結而
縮小變皺，鐵絲也得不斷拆下重新綑綁，直至顏色由紅橙色逐
漸轉成金黃、土黃、深褐色到完全變黑為止，其中更以特別訂

②

③

製的機具多次緊壓，鐵絲才能完全取下，外觀也呈現漂亮的花瓣狀。

　　許時穩補充說，早期農業社會，客家庄只要家中有種茶，長輩往往都會做個50、60個酸柑茶以備不時之需。由於虎頭柑上市的時間剛好在過年前後的「農閒」時期，因此才有「餘力」製作酸柑茶，今天的情況也是一樣。只是當時沒有烤箱等設備，引人好奇酸柑茶的乾燥是如何完成的？許時穩說天氣晴朗時在陽光下曝曬，陰雨天或夜晚則掛在爐灶旁的煙囪管上，利用煮飯的熱氣將酸柑茶烘乾，因此早年製作的時日往往超過半年或更久，不僅曠日廢時，經濟效益也不高，因此越來越沒有茶農願意投入，酸柑茶的傳統技藝也逐漸失傳，至今全台能產製的茶廠或茶農已不到8家。而許時穩卻一做就是10年，除了堅持客家庄特有的古早味，更希望有一天，酸柑茶能像客家東方美人茶一樣登上國際舞台。

　　由於做工紮實，完成後的酸柑茶有如石塊般堅硬，必須以鐵鎚敲碎後，才能置入茶壺以熱開水沖泡；也可以加點冰糖、龍眼乾、菊花等，或與金桔一起沖泡，酸酸甜甜滋味更佳。不過一般人可沒辦法成天拿著鐵鎚猛敲，為了方便愈來愈多的消費者，目前大多數的酸柑茶品，均先以機器磨碎後，製成袋茶再包裝上市，以「咱的故鄉咱的茶」為賣點，深受都會上班族的歡迎。

　　目前桃園龍潭與苗栗獅潭都有酸柑茶的製作，新竹關西則以大型的白柚，以相同的製法做成「柚子茶」，三者外觀不盡相同，但都具有同樣的保健效果。

---

❶ 酸柑茶歷經蒸、曬、烘、壓共九次工序才能完成，其間顏色與大小均有明顯變化。
❷ 最後以特別訂製的機具將酸柑茶多次緊壓成形。
❸ 酸柑茶歷經多次蒸烤，顏色逐漸轉黑且硬度也不斷提高。

北部 觀光茶街仙山茶

獅潭

　　路旁的梔子樹開著雪白豐滿的花朵，儘管陽光喧鬧非凡，但非假日的台3線上車輛行人卻意外稀少，曾經熱鬧一時的獅潭觀光茶街上，一家挨著一家的茶行茶廠依然奮力飄出陣陣茶香。正值春茶採收季節，茶園卻遍尋不得，流著嘩啦啦水柱的大茶壺旁，「富山茶廠」主人邱弘通告訴我，必須驅車上山才能看見。

　　有人說「山不在高，有仙則名」，獅潭茶區海拔雖然僅在500～800公尺間，由於鄰近著名的仙山，因此當地茶農共同將所產的茶葉取名為「仙山茶」。主要種植品種有青心烏龍、青心大冇、金萱、翠玉等，茶廠或茶行大多集中在省道路旁及仙山風景區。

　　因「山下層雲漂渺，山上雲海瀰漫」的仙山靈洞宮而聞名的獅潭鄉，據說過去絡繹不絕的香客禮佛參拜後，大多會啜飲一杯仙山茶，直沁心脾，足以教人心胸舒坦、洗心滌意。

　　既然「不登仙山不見茶」，我特別請當地友人帶路，稀哩嘩啦驅車直上，果然在山腰處覓得一處茶園，只是規模不大。友人說獅潭種茶歷史雖不算短，全盛時期大約有100多戶農民種茶、20多家茶廠，當年以「仙山名茶」之名活躍國內外市場，不僅口碑甚佳，也曾有過一段輝煌歲月。可惜近年不敵高山茶的優勢而大幅沒落。因此2001年獅潭鄉公所特別在新店村台3線113、114公里處，結合5家毗鄰的茶廠指定為觀光茶街，希望能振興茶市，成員包括文玉茶莊、富山茶廠、統展茶園、益新茶園及農會茶業班員等，茶街旁也用原木興建了一整排休憩泡茶步道，讓遊客進入茶街後，能立即感受到茶文化的風味。

---

❶ 獅潭茶區海拔約在 500 ～ 800 公尺間。
❷ 獅潭茶雖不敵高山茶，但甘醇芳香（吳金維柴燒壺 /90℃水溫沖泡）。
❸ 獅潭觀光茶街旁以原木興建的整排休憩泡茶步道。

3

台灣中部特色茶園

中部 頂級高山茶之鄉

梨山

車輛從梨山大街右轉進入產業道路，經過退輔會福壽山農場旗幟飄揚的大門後，陽光忽地熾燃了起來，碎雲飄過山拗微微搖晃的蔥鬱青青；儘管久經土石流肆虐的路面顛簸不堪，寶石藍的天空在遠處依然以稜線清楚分割坡崁上嚴整的茶園。春末造訪梨山茶區，預期的嵐霧顯然是遲到了，取代的是青背山雀啁啾掠過的驚喜。

被茶人普遍尊為「茶中極品」的梨山茶，春茶大多在5月中旬以後才開始採摘，但仍有少數向陽的茶園忍不住提前綻放，就在穀雨當天，少數茶園出現了採茶婦女嘹亮的歌聲，茶廠也開始忙碌了起來。

於是阿亮乃欣然受邀，在福壽山茶業董事長呂志強的盛情邀約下，與名電視製作人周在台共同前往，一探梨山2010年最早的茶香究竟，而奧迪汽車也慨然提供全新上市的一部A5 Sportback轎跑車共襄盛舉。

前往海拔2,000～2,600公尺的梨山秘境，幾年前必須繞道經由南投埔里、霧社、清靜農場，再接力行產業道路。北宜高速公路通車後，改從宜蘭下交流道經員山、大同接台7甲線，不斷翻山越嶺、攀過雲層處處方能抵達；而銜接各茶園的小型產業道路至今仍支離破碎、險象環生，十足考驗車輛的操控性。不過樂天知命的茶農與原住民朋友依然胼手胝足，在雲霧終年裊繞的虛無飄渺間奮鬥不懈，辛勤打拚的精神令人感動。

抵達梨山後進入福壽山農場，再往西進入華岡，福壽山茶業偌大的廠房映入眼簾，為避免陽光太強時，紫外線對茶菁造成傷害，藍天白雲正透過日光萎凋的大黑網，為地面晶瑩剔透

---

❶ 梨山層層相疊綿延不絕的茶園，嚴整有序地羅列在群山碧巒之間。

的肥嫩茶菁釋出無數光點。層層相疊綿延不絕的茶園則若無其事地聚焦網外,嚴整有序地羅列在群山碧巒之間,輝映巍巍蒼蒼的青山群峰,飽滿豐盈的景象令人陶然。

梨山茶原本僅栽種於行政院退輔會管理的福壽山農場,品種包括青心烏龍、武夷及鐵觀音等,以「福壽長春茶」之名對外銷售。只是每年僅採收春、冬兩季,產量不足以應付龐大的需求,在市場上普遍性不足。

因此約莫20年前,就有茶商或茶農,陸續在福壽山、天府、華岡、翠巒等山區闢種茶園,以青心烏龍品種為主,歷經長期的經營與適度開發,今日已成為台灣首屈一指且成熟穩定的高海拔茶區,也是台灣最頂級的高山茶之鄉,年採可達3、4次。

地處高冷地帶的福壽山農場,即位於梨山南側的山坡上,

是中橫公路的中央地點，由退輔會輔導榮民栽種了近百種溫帶水果，還有高冷蔬菜、花卉與高山茶等，所產製的高山茶也稱為「福壽長春茶」。

由於多以水質柔甘的天然山泉水灌溉，梨山的土壤有機質含量高，因此水梨、高麗菜、蜜蘋果、水蜜桃等高經濟作物，多年來始終受到消費者肯定。而坐擁優渥天然條件的茶樹，儘管成長期較為緩慢，呈現的葉面卻柔軟飽富彈性，葉芽翠綠肥厚。

福壽山茶業在吊橋頭栽種的鐵觀音茶園，由於採自然工法種植，陡峭的山坡開滿了多種美麗的奇花異草，生氣盎然地與茶樹共生共榮，在海拔2,100公尺堪稱全球最高的鐵觀音茶園上，構成了亮麗璀璨的的壯闊畫面，讓我忍不住抓起相機「喀嚓喀嚓」猛按快門。

梨山地區四季分明，夏季的平均溫度約在攝氏24度間，冬季平均溫度則約莫12度上下，終年夜間溫度則多低於10度，嚴冬且有瑞雪飄降。不僅晝夜溫差極大，而且早晚雲霧籠罩。受惠於氣候、環境等天然因素，加上茶

❶ 福壽山茶業的日光萎凋間與藍天青山相互爭輝。
❷ 退輔會管理的梨山福壽山農場全貌。
❸ 梨山得天獨厚的環境造就茶菁葉肉肥厚柔軟，圖為梨山鐵觀音。
❹ 位於吊橋頭的福壽山茶業鐵觀音茶園，由於採自然工法種植，山坡開滿美麗的奇花異草。

葉栽植大多施以有機肥料，使得茶菁的葉肉肥厚、果膠含量極高，芽葉中所含的兒茶素類、咖啡因、單寧等造成苦澀成份的元素含量也相對降低，進而也提高了「茶胺酸」及「可溶氮」等對甘味有貢獻的成份，並具有得天獨厚的「冷莊香」。

由於名氣太大，周邊區域也大多以梨山茶區為號召，因此今日梨山茶「廣義」的界定範圍，已包括福壽山、大禹嶺、佳陽、天府、華岡、翠巒、吊橋頭、紅香、碧綠溪、松茂、武陵等地，涵蓋台中市、南投縣與花蓮縣三地。茶園所產製的茶葉，海拔約在1,800～2,600公尺之間，茶園總面積約135甲，大大小小的茶廠約莫20家左右，每季總生產量約4萬斤，其中又以呂志強的福壽山茶業最大。除了部分原住民自有茶園外，梨山地區大多數的茶園或茶廠土地也都是向原住民承租而來。

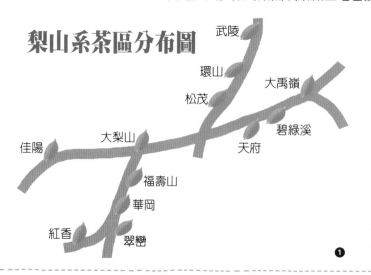

梨山系茶區分布圖

武陵
環山
松茂　大禹嶺
大梨山　　碧綠溪
佳陽　　　天府
福壽山
華岡
紅香　翠巒

專家普遍認為，海拔愈高則茶葉的果膠質就愈豐富，且無論空氣清新、芬多精甚或「山靈之氣」都遠勝低海拔地區。因此有人說即便身處喧囂疏離的城市，在摩肩接踵的水泥叢林之間，只要聞香品飲梨山茶，就彷彿置身於高山雲霧之中，閒情與茶香自然散放。當那一葉葉蜷曲葉片在壺中釋放，山

❶

林精華都幻化爲一杯杯清香，啜飲一口，便似含進漫山的雲霧與綠意，頓時窗外的塵囂都將拋到九霄雲外。

呂志強表示茶是氣根生的植物，需要充分的呼吸，因此排水設施絕對馬虎不得，應確實做好擋土牆、疏洪、坡崁等設施，不僅能有良好的水土保持防護，更能造就茶樹優質的生長環境。他說目前茶廠在梨山總種植面積約30甲，其中三分之一爲自有，其他則與當地茶農進行契作。

梨山也是先總統蔣介石生前的最愛，經常偕同夫人宋美齡女士在梨山天池的「達觀亭」休憩、品茗。因此有人戲稱「新疆天池是傳說中王母娘娘洗臉的地方；而梨山天池則是蔣夫人

❶ 梨山系茶區分布圖。
❷ 梨山茶園素以嚴謹茶園管理著稱。
❸ 福壽山茶業的熱團揉工序。
❹ 福壽山茶業一字排開的揉捻機。

①

攬鏡梳妝的最愛」。今天漫步天池，達觀亭內至今仍保留了蔣
公伉儷昔日甜蜜的臥室、起居間與書房、客廳、觀景陽台等，
兩人互動親密的巨幅合照也還一一掛在牆上。據說梨山茶當時
即作為致贈各國元首或政要的禮物首選。

　　福壽山製茶廠備有舒適的套房待客，不過久聞梨山大街
「飛燕城堡」之名，融合了當地原住民特色與歐洲城堡風格所
建，盛名且遠遠凌駕於早已歇業的國營梨山賓館。由據說是來

自雲南大理古國段氏王朝後裔的吾友段鞏世代經營，早已心嚮
往之，因此當晚乃宿於城堡之內，除了享受了一頓
由黑人老外主廚的高冷大餐，也度過一個浪漫幽雅
的梨山之夜。

　　早已取得美國俄亥俄州立大學商學碩士，原
本在美國某大金控任職的段鞏，由於不忍年邁母親
獨守位於天府的茶園辛勤工作，乃毅然返回梨山老
家與母親共同打拚，他說母親一直堅持有機種植，
即便虧本，也不改她對於土地的虔敬。因此以科學
化的茶園管理，融入不施化肥、不用農藥的有機種
植。此外也將所學的管理知識運用在茶園經營，一
方面爲梨山茶農建立銷售平台，透過網路進行產品
推廣；也開設各種產銷班，集合群體力量找出正確
方向。他相信適當地運用管理經營模式，打破以往
保守獨家秘方的心態，假以時日，傳統梨山茶園必
將可走出更開闊的路來。

　　提到段媽媽，段鞏說母親年輕的時候活在中
國苦難的顛沛流離中，來到了台灣飄蕩到梨山定
居，也與梨山結下了一輩子不能割捨的情懷。母親
用她一生的人生智慧培育推廣有機茶園，建立飛燕
城堡度假飯店，也釀造出贏得國際酒廠認可代工的
醇酒莊園。爲了傳承母親一生的心血結晶，作爲家
中唯一的男生，從留美商學碩士蛻變爲一介茶農，
段鞏說再苦也得扛下來。

❶ 梨山天池的達觀亭是先總統蔣介石伉儷的生前最愛。
❷ 在上海外灘深獲好評的段鞏天府農場梨山茶（李仁嶋提樑壺 /95℃水溫沖泡）。
❸ 梨山的飛燕城堡融合了當地原住民特色與歐洲城堡風格。

段鞏說天府農場座落海拔2,000～2,300公尺的原始林之間，從梨山前往對山的自家茶園，每天都必須搭乘簡易的自製索道流籠進出。他說天府一帶常年處於低溫環境，茶葉不僅成長緩慢且經常受霜雪洗禮，因此茶質內涵量特別豐富，清焙火後聞之清馨如花、而且冷熱均具香氣。品之則甘甜清爽，水甜纖細帶有蜜香，飲後且通體舒暢。

梨山茶不僅在台灣高居頂級高山茶的第一名，近年也紅遍對岸，成了送禮或上流社會品茗的首選。例如呂志強命名為「毒藥」的頂級福壽山茶，2011年在杭州每公克售價高達6,000元人民幣，等於每斤40,000元人民幣依然賣到缺貨，甚至驚動了杭州各電視台大幅報導，堪稱「台灣之光」。2010年5月，台灣梨山茶正式進駐上海外灘，梨山春茶發表會也在當月28日下午於外灘18號4樓隆重登場。我有幸受邀在會中向中外一百多名嘉賓與媒體講茶，並與上海市茶葉協會會長黃政，以及梨山茶代表段鞏，在當地名廣播人李元的主持下一起對談。

話說上海外灘Bund是中國近代史上，東西文化交集震盪最重要的地標，從1844年作為英國租界起，就不斷向世界展現無數的驚嘆號，也是整個上海近代城市開發的起點。今天更以風華絕代的52幢各種古典風格的歐式建築群，隔著黃浦江與浦東包含東方明珠等現代化大廈相互爭輝。

而堪稱是古典與現代完美結合的藝術與時尚之最，建於1922年的外灘18號，今日除了來自世界各地

的藝術名品（如雕塑大師羅丹等）不定期展出，也是上海極致
奢華的代表，包括Cartier、百達翡麗等國際頂級精品旗艦店均
設於此。

梨山春茶上海發表會當天，具有山靈幽
香特質的梨山茶，以濃郁的花蜜香與高山清
韻，頓時驚豔全場。美國亞洲貿易協會榮譽
會長朱元忠在會中讚不絕口，上海市茶葉協
會會長黃政則表示「梨山茶香氣高揚，茶湯
綿密細緻、金黃透亮，在口腔中飽滿甘醇、
且柔軟度高」。而同時也是品茶專家的上海官
員吳岩更說「梨山茶水甜、纖細帶有蜜香，
杯底香氣附著不散，令人心曠神怡」。這是
台灣茶的榮耀，也是阿亮最引以為傲的。

此外，2003年就遠赴雲南景邁山區，取得萬畝古茶樹50年
經營權，產製全球唯一榮獲歐盟、日本、美國、中國等四大國
際有機認證的普洱茶，101古茶園公司的普洱茶早以名揚海內
外。有次我前往他們位於內湖的台北門市，架上居然也陳列了
許多台灣茶品，包括東方美人、杉林溪茶與梨山茶等，讓我深
感好奇。主人蔡林青表示，其實公司早在20多年前就已深耕台
灣茶，產品不僅在國內評價頗高，銷往歐美等國也始終長紅，
儘管近年在雲南投產經營有成，對台灣茶卻一直不敢或忘。

在我的要求下，蔡林青當場以小壺沖泡了今春的梨山烏龍
茶，蜜黃透亮帶有光澤的茶湯，立刻將高山特有的冷香溢滿室
內，入口後果然醇厚圓滑而富活性，讓我回味再三。

❶ 福壽山茶業的天價茶品「毒藥」（故宮釉蓋碗 /92℃水溫沖泡）。
❷ 101 古茶園的梨山烏龍清香而甘醇，令人回味再三（章格銘側把壺 /95℃水溫沖泡）。

中部 迷霧裊繞杉林溪茶

竹山

原名「林圯埔」的竹山鎮是南投縣最早開發的地方，自古即是著名的「入番地」，號稱「前山第一城」。早在1980年就有照鏡山等地大量種植茶樹，目前茶園則已擴及至山坪頂、後埔、社寮、瑞竹、大鞍、軟鞍、流藤坪、杉林溪、延平、延山、羊仔彎以及龍鳳峽等處，海拔高度卻有300公尺～1,800公尺的極大差異。儘管高山茶區主要在杉林溪與大鞍山兩地，不過由於「杉林溪高山茶」的名氣太大，連帶也使得各區茶品競相以杉林溪茶爲號召，從目前竹山鎮農會也已建立「杉林溪茶」的品牌，即可感受杉林溪名號的魅力。

與溪頭齊名的杉林溪風景區，向以自然森林美景聞名全國；同樣的，擁有如詩如畫的夢幻景致也是竹山茶區最大特色，例如高海拔的軟鞍、杉林溪、龍鳳峽，或中低海拔的山坪頂等地，近年都深受攝影家青睞。我曾受聘擔任交通部觀光局「台灣采風」攝影競賽評審多年，幾乎年年都有眾多來自竹山茶園美麗的倩影參賽，其中又以鄰近竹山「天梯」的軟鞍八卦茶園最多，尤其在採茶照片堂堂登上國小社會

課本，且知名藝人徐若瑄拍攝的茶品廣告大量曝光後，幾乎成了家喻戶曉的台灣茶園代表。

八卦茶園其實一點也不八卦，原本只是座落在竹山鎮大鞍里五寮巷，雲霧裊繞之間的軟鞍「宏一」茶園，海拔約1,300～1,580公尺，卻因爲其中一處茶樹環繞圓形山丘彷如八

---

❶ 軟鞍八卦茶園因茶園環抱的圓頂茶園宛如八卦而得名。
❷ 竹山前往天梯的蜿蜒山路上處處可見壯闊的茶園景觀。

卦，在網路廣為流傳而聲名大噪。

　　不過，由於觀看或拍攝完整的八卦茶園，必須直上山頂的「雍富茶園」才能一覽全貌，加上主人林衍宏的熱情好客，反而讓雍富聲名凌駕八卦之上，也使得整個軟鞍茶區都納入美麗的八卦之中。尤其每當春茶採收之際，「阿宏」都會提前以簡訊或E-mail通知朋友們前往獵景，而成了大批「好攝客」聚集的焦點。由於海拔高，午後往往會有濃濃的雲霧籠罩，因此務必趕在早上11時前抵達才不致扼腕。

　　軟鞍茶區1年採收4次，春茶約在4月中旬、夏茶在6月底、秋茶9月初、冬茶則在11月初，阿宏說由於海拔夠高，夏茶滋味依然甘醇飽滿，強烈的「山韻」也絲毫未減。

　　八卦茶園的亮麗景觀為地方產業打開了高

❶ 軟鞍茶園伴著山嵐雲霧的飄渺意象令人沉醉。
❷ 在雍富茶園與主人共品高山茶。
❸ 軟鞍茶園採摘春茶的婦女。

知名度,茶農也都順著梯田地形將茶樹線條修剪得整齊有序,因此不僅圓頂的八卦教人著迷,整座山頂上圈圈環繞的茶園,伴著山嵐雲霧的飄渺意象也彷彿人間仙境,加上採茶期間茶廠裡傳來的陣陣茶香,更讓人深深沉醉。趁著起霧的空檔,我在雍富茶園偌大的製茶廠內隨意閒逛,發現牆面上貼滿了各家電視台前來採訪的照片,其中不乏演藝界或政治圈名人,八卦果然深受大家喜愛。

1992年開始來此種茶,阿宏說目前擔任大鞍里里長的爸爸林雍富才是開山祖師,他算是第二代了。種植茶樹全部為青心烏龍,除了豐沛的水氣無須灑水灌溉外,全部施以天然有機肥料,他說豆肥能提高茶葉甜度,花生則提高茶葉香氣。我當場要求阿宏取出新製的春茶,以小壺沖泡後但見蜜綠清澈的湯色,緩緩釋出一股馥郁幽芳,冉冉飄逸擴散。輕啜入口入喉,甘醇的口感在舌尖與喉間回吐的熟韻交會舞動,更有飽滿的山靈之氣慢慢沁入心腑,令人激賞。

海拔1,600～1,800公尺的龍鳳峽茶區,午後幾乎都籠罩在一片迷霧繚繞之中,能見度往往僅及30公尺,令人有如置身太虛仙境。由於長年低溫、冬季霜

❹ 軟鞍雍富茶園為剛採下的茶菁做日光萎凋。
❺ 軟鞍雍富茶園的杉林溪春茶水色蜜綠澄清,有飽滿的山靈之氣(陳雅萍創作壺/95℃水溫沖泡)。

降頻繁，因此茶樹生長期長，1年只採收3次。尤其茶園大多育於杉林之間，山靈之氣終年滋養薰陶，苦中帶甘的成茶口感不僅異於其他高山茶，且冷礦味中兼有杉味，茶湯鮮豔蜜綠，帶有淡雅的花香，飲之甘醇順暢，別有一番滋味。頂級的杉林溪冬茶滋味尤其濃稠甘醇，帶有特殊的蜜香味。

不過龍鳳峽茶區並非處於峽谷之中，而僅係一個美麗的地名。從杉林溪公路沿著十二生肖的標示前進，在「龍」字旁轉入龍鳳峽，被蜿蜒細長的產業道路切割為二的山區，還真有幾分「峽谷」的風貌哩！透過顛簸的車窗，鳥瞰如巨浪傾洩而下且陡峭延伸的茶園，以及點綴其間的農舍、茶廠、杉林與竹林，歐洲的田野風情盡在眼前。尤其每年4月春茶採收期間，大塊渲染後的綠地毯翻越一個又一個山頭，沸沸揚揚的茶園綠浪之間，採茶婦女彷彿悠游搖擺的熱帶魚群，黃色、紅色、橙色、藍色的斗笠或草帽或頭巾或服飾或簍筐，相互交晃競豔。

由49號縣道進入坪頂里，必須穿越由古樸房舍包夾的狹窄鄉間小路，陣陣清風傳送著傳統農村的風貌，驅車深入不久豁然開朗，柳暗花明後可不僅「又一村」，而是一大片綿延不絕的茶園與竹林，在眼前如手卷般徐徐攤開，隨著迤邐的山勢起伏，令人驚喜。

趕在冬茶採收季節前往竹山鎮山坪頂茶區，處處可見茶園高低起伏的綠浪，以及閩南式三合院交相錯落、屋舍井然、雞犬相聞的桃花源意象。冬日更有滿山遍野猛豔簇簇的的聖誕紅，在山坡或道路兩旁勾勒出一道道美麗的弧線，令人感受冬茶的尊貴。

①

當地廣茗茶廠第二代掌門張文治說，山坪頂山坡地大多已開發為茶園，茶園相連廣達300多公頃，種植茶樹以金萱為主，也是全國最大單一品種金萱茶專業區。由於氣候溫和、海拔適中，不僅非常適合栽種金萱，還能得天獨厚地一年採收7次，除了春、夏、大小暑、秋、冬等五次茶期外，在春茶採摘前還能採一次早春仔茶，冬茶後則有冬片仔茶。每到茶葉採收期，翠綠的茶園點綴著頭戴斗笠腰纏竹簍的採茶婦女，在茶園高低起伏的綠浪中忙碌穿梭，五顏六色的服飾與頭巾洋溢盎然生機，繽紛的景致與陣陣茶香交織構成山坪頂最動人的畫面。

張文治說自己原本從事裝潢業，由於家中人手不夠，逼得他從台北「被迫」跑回「鄉下」種茶、製茶，「接班」後率先採用「茶葉不落地」的現代化萎凋機具，全力投入製茶的領域。逐漸做出心得與興趣。他說原本家中只有1.5甲的茶園，由於管理得當，不僅產量倍增，品質也日趨穩定。因此再找其他茶農契作，產量提升25%以上；目前茶品約有七、八成交付上游茶商，僅餘兩成左右可以零售。

一般來說，竹山的夏茶約40天可以採收，冬茶則約60天；除了年採7次的金萱，青心烏龍也可年採5次。不過張文治也表示，茶園應盡量避免與菜園或稻田為鄰，否則茶葉會有雜氣與泥味且不夠清爽；他說茶園以山坡地為佳，做出來的茶品才會帶有花香與果香。而要做出高品質的茶葉，原料（好茶菁）、環境（優良的廠房與機器）、製茶理念（良好的工作團隊）、製茶技術、好的天氣等五項，缺一不可。

❶ 猛豔簇簇的的聖誕紅與茶園相互輝映，是山坪頂冬日最常見的景觀。
❷ 採茶婦女在山坪頂滿山遍野的茶園忙碌採茶。

中部 名揚四海凍頂茶

鹿谷

　　沃綠簇簇的茶園在稜線上呈現優美的弧線，頭戴斗笠的十多名農婦在綠浪推湧中忙著摘採春茶；蜿蜒的151縣道上，櫛比鱗次的茶行頻頻釋放熱絡商機，車窗外生氣蓬勃的景象令人心曠神怡。

　　緊鄰竹山鎮的南投縣鹿谷鄉，多年來以凍頂烏龍茶名揚四海，凍頂為地名，烏龍為茶樹品種。正確的說，就是摘採心葉半開、二葉全開的青心烏龍茶芽為原料，發酵度在25～35％之間，揉捻整型為半球型的烏龍茶，不僅被譽為「台灣茶中之聖」而名揚四海，幾乎也成了優質烏龍茶的代名詞。

　　凍頂是不折不扣的地名，在現今鹿谷鄉的行政劃分上，屬於「凍頂巷」，也是麒麟潭邊的「凍頂山」。據說先民早期少有鞋子可穿，每屆寒冬都必須「凍著腳尖上山頂」而得名；而以鳳凰、永隆、彰雅三村為凍頂茶早期發源地，再逐漸擴及至廣興、內湖、和雅、初鄉等地，這也是鹿谷鄉所產茶葉通稱為凍頂烏龍茶的緣由。整個來說，鹿谷茶區大多分布在海拔600～1200公尺的山坡地上。

　　凍頂茶的由來，據說可直溯至1855年的清朝咸豐年間，鹿谷先賢林鳳池赴福建應試，高中「舉人」，衣錦還鄉時從武夷山帶回36株青心烏龍茶苗，其中部分種植在麒麟潭邊的山麓上，經由

❶ 茶農忙著採茶是鹿谷春、冬採茶季節最常見的畫面。
❷ 從鹿谷到溪頭的路上，隨處可見被森林層層包覆的茶園。

當地特有的山嵐雲霧滋潤而大放異彩，成了今日「凍頂茶」的濫觴。歷經一百多年的發展，不僅在台灣茶市場居於領先地位，也成了家喻戶曉、馳名中外的台灣「名產」。

儘管因年代久遠，屋頂的鱗鱗千瓦早已爲紅色鐵皮所取

❶

代，原本象徵古代科舉功名的旗桿台也寂寥地綣縮在禾埕一角，但愛茶如我每次前往鹿谷，總會在林鳳池留下的古厝前泡茶舉杯，作爲對凍頂茶傳承的一份敬意，而至今依然辛勤種茶製茶的林家後代也樂於提供桌椅，賓主盡歡。

世居凍頂巷的「哲園有機茶」主人蘇文哲，對於凍頂茶的由來卻有不同的說法，他說蘇家祖先早於清朝康熙23年（1684）即已渡台，並在乾隆年間前往凍頂山開墾種茶，有《凍頂蘇氏宗譜》爲證。他特別取出泛黃的獎狀表示，凍頂茶至台灣光復後才逐漸嶄露頭角，而1948年台中縣政府第一張「茶園增產競賽」獎狀就落在他家。1951年南投縣政府開始推廣製茶並主辦競賽，由省府農林廳所頒發的首屆頭等獎得主蘇汝評就是他的父親。且由於連續六屆頭等獎都落在凍頂巷，因此鹿谷鄉所產茶葉才統稱爲凍頂茶，而「彰雅村凍頂巷」也從此揚眉吐氣，成爲全台最長且最風光的「茶巷」了。

根據地方記載，凍頂茶其實最早植於彰雅村凍頂巷旁的「凍頂坪」上，後來逐漸沿著山坡擴散至麒麟潭四周，在茶產業興盛後才擴及到鹿谷鄉全部13個村。

由於凍頂茶的加工過程十分繁複精細，製造過程均經布球

團揉，使得外觀緊結成半球型，茶葉色澤墨綠鮮豔，條索緊結彎曲；沖泡後湯色蜜黃明亮、香氣濃郁，滋味醇厚甘潤，喉韻回甘強，因此最受消費市場的青睞。

典型凍頂烏龍茶的特色是喉韻十足，帶明顯的焙火韻味與香氣，可說是最講究喉韻的茶類了。鹿谷鄉農會的林獻堂說，頂級凍頂茶外觀應帶有青蛙皮般的灰白點，葉尖捲曲呈蝦球狀。且葉片中間呈淡綠色，葉底邊緣鑲有紅邊，具備「綠葉紅鑲邊」的特徵，即茶農所說的「青蒂、綠腹、紅鑲邊」。至於沖泡後的茶湯澄清明澈，且有明顯近似桂花香的清香；入口後要「生津」富活性，湯味要醇厚甘潤、經久耐泡；葉底也需「幼枝嫩葉連理生、葉全不缺芽點在」，開展後仍具鮮活柔軟的特質。

❷

可惜十多年來由於比賽茶的興起與講究外型的風氣，使得茶菁愈採愈嫩，萎凋、發酵、殺青愈來愈不足，導致烏龍茶在製作觀念上「流於綠茶化」，失去原本該有的特殊的風味及口感，早期凍頂茶「甘、香、醇、厚、順」等五大特色日漸流失，讓許多資深茶人深感憂心。林獻堂則解釋說，烏龍茶逐漸偏向「重原味、輕發酵」的清香型，係因為高山茶興起所造成的市場「消費者導向」，因為即便無法參賽或獲獎，頂著「高山茶」的光環，也能在市場具備足夠的競爭優勢，應與比賽茶無直接因果關係。

為了力挽狂瀾，已故詩人茶藝家好友季野特別在1980年代中期，在凍頂等地與資深茶農合作，在採摘、施肥、萎凋、炒

❶ 愛茶人前往鹿谷總會到林鳳池古厝泡茶舉杯，象徵台灣茶的傳承。
❷ 凍頂茶有明顯近似桂花香的清香（龐獻軍宜興壺 /95℃水溫沖泡）。

菁均嚴格要求下，以「萎凋得宜，走水合理」中重度發酵的茶品，加以精製焙火，製成具備「紅香、紅水、酵香」特色的傳統凍頂茶，並為了與今天清香型的凍頂茶做區隔，而於1987年正式命名為「紅水烏龍」公開發表，配合不斷的論述與演講闡述理念，深獲愛茶人的肯定。

其實紅水烏龍就是傳統凍頂茶，而非獨立於凍頂茶之外的另項茶品，季野認為「凍頂茶需細心焙火精製才能完全展現應有的品質與風味，茶湯色澤金黃明亮，香氣介於花香與果香之間，入口湯質細密甘醇，成茶耐於久存，此即傳統凍頂烏龍（紅水烏龍）魅力所在」。

季野仙逝後一年，季嫂岑篠瓊有天忽然寄來她手製的紅水烏龍，讓我驚喜萬分。迫不及待撕開真空袋以岩礦壺沖泡，開湯後撲鼻而來的一股熟悉又遙遠的香氣，就已令人難以抗拒。再看杯中金黃光豔的茶湯、明亮清透，入口後不僅甘醇濃郁且停駐舌尖久久不散，獨特的微花濃蜜香味也頗為深遠。如果說陳年老茶是風華絕代的貴婦熟女，那麼這道紅水烏龍只堪以豐姿綽約的淑女名媛可比擬了。茶過兩盅，潤滑舒暢的喉韻從丹田直衝腦門，尤其附杯性強，杯底餘香幽長迴繞，更讓我大感驚奇。

原來季嫂已深得季野的真傳，為台灣留下如此甘美的茶品。不過要品嚐可不容易，季嫂說目前僅做春、冬兩季，茶品採E-mail預約制，數量則依當季預約多寡而

定，每季約莫250～300斤左右，錯過就要再等上一年了。

蘇文哲的胞弟蘇文昭則是凍頂山上碩果僅存的古式手炒茶師傅。話說年紀已逾六旬的蘇文昭，為傳承原味的凍頂烏龍茶，40年來始終堅持以傳統手工炒茶、踏茶，手上功夫幾已達爐火純青的境界；儘管手炒茶費時又費力，還需忍受柴火帶來的煙燻，他卻樂在其中，只擔心這項技藝會因後繼無人而失傳。

蘇文昭說手炒的凍頂烏龍茶才能保有甘醇喉韻，以及濃稠清香的特有原味，他回憶說早年製茶機具尚不普及的年代，每到採茶時節，茶農多白天採茶、夜晚炒茶，以龍眼樹或相思樹柴燒火，鍋底燒紅約巴掌大，上不加蓋，鍋溫約為180℃，將雙手伸入不停翻炒至炒熟茶菁為止，冷卻後以腳踩茶揉捻，再以竹焙籠作炭火乾燥，如此循環操作，直到條狀如龍的手工茶完成為止，茶品帶有令人無法抗拒的韻味。

蘇文昭說當時厝邊頭尾相互幫忙，尤其必須日以繼夜「顧火」不能離開現場，因此庄內處處熱鬧非凡。如今炒茶為殺青機所取代，踩茶也改用現代化的揉捻機，烘乾與焙火則使用乾燥機與電烘爐，儘管迅速又便捷，但古早味盡失，茶品的韻味口感絕對無法跟手工製茶相比擬。

帶我前往的壺藝家好友鄧丁壽補充說，要徒手炒出凍頂原味的好茶，全憑茶師以經驗控制火喉，並純然以敏感的面頰或手背感受溫度的高低，而赤手空拳在熱鍋中翻滾茶葉，非有純熟的功夫不可，看倌可別輕易嘗試。　🍃

❶ 季野夫人岑篠瓊傳承手製的紅水烏龍（游正民岩礦壺／100℃水溫沖泡）。
❷ 茶農蘇文昭是鹿谷目前碩果僅存的古式手工炒茶師。

中部 全台最大茶區

名間

②

　　搭乘集集鐵路支線火車抵達濁水，步出月台後，偌大的金茶壺立即高掛眼前，流動著涓涓細水迎賓，在春末的薄日下格外耀眼，彷彿正驕傲地告訴來客：「全國最大的茶區到了！」作爲名間鄉聯外交通重要一環的濁水火車站，早於日據時代大正11年（1922）通車，極盛時期不僅帶動了沿線鄉村蓬勃發展，也是今天除了高速公路外，前往茶鄉最吸引遊客的大眾運輸系統吧？

　　有人說如果想要了解台灣製茶產業的興盛情況，就一定要到南投縣名間鄉看一看。而要了解爲何閩南語稱茶葉爲「茶米」，更要走一趟全台最富饒的「茶米之鄉」名間，才能略知端倪。位於濁水溪北岸的名間鄉，在台灣319個鄉鎮中，是茶人最耳熟能詳的地名。不僅是全台最大的茶區，茶園面積高達2,500公頃，所生產的茶葉也占全台總產量的50％以上，年產約10,000噸。

　　舊稱「湳仔」的名間鄉，最早曾是原住民的狩獵場。今日茶園則多集中在八卦山脈最南端的松柏嶺，由於地處山脈東面斜坡向陽之處，一年四季都日照充足；而且氣候多霧溫潤、地質良好，屬於紅壤類的土質不僅孕育了當地名產山藥、薑與狗尾草，尤適合深耕厚植茶葉。而茶園則在海拔200～400公尺之間的丘陵台地上，宛如梯田般高低相連、綿延不絕，成排的檳榔樹則彷彿列隊守候的兵士，圍繞茶園四周全天候的警戒，令人莞爾。

　　今日漫步松柏嶺，隨意放眼望去，只見綠浪起伏、遼闊

❶ 名間鄉是全台最富饒的「茶米之鄉」。
❷ 集集鐵路支線可抵濁水車站，一眼就可瞧見作為地標的金茶壺。

密集的茶園，有如攤開的稻田般層層疊疊，所到之處無不豐盈飽滿；令人不由得將茶與米強烈的聯想與連結，只差沒有金黃的稻穗鋪陳罷了。不禁令人讚嘆名間茶農善用地形的智慧，作為名間鄉最大的經濟命脈，茶葉的重要性不僅能與「民以食為天」的稻米劃上等號，甚至更為重要吧？

　　話說松柏嶺舊稱「埔中」，是台灣開發極早的茶區，所產茶葉原本稱為「埔中茶」或「松柏坑茶」，並早有「埔中奇種」的美譽。1975年故總統蔣經國在行政院長任內巡視當地，對埔中茶的獨特香氣與餘韻讚不絕口，透過他的「皇帝嘴」所賜名的「松柏長青茶」，不僅「長青」至今，更使得民間茶葉從此一飛沖天，與當時的凍頂、文山呈三足鼎立之勢，松柏長青茶且躍居「台灣十大名茶」之列。

　　不過，名間鄉之所以能領先全台眾多茶區，位居執牛耳的地位，除了得天獨厚的地理條件，以及四通八達的交通網絡等優勢外，當地茶農勇於突破、努力學習與不斷創新的精神，才是開創今天無可取代的茶葉王國最主要的因素。

　　以栽種茶樹品種來說，除了一般茶區常見的青心烏龍、武夷等茶種外，名間鄉最先種植台灣七年級生的金萱、翠玉、四季春等，成為國內最大的新品種茶區，因此能擁有全國最多樣的茶品口味，輕發酵的主力茶品包括甘潤韻佳的青心烏龍茶、溫潤奶香的金萱茶、桂花飄香的翠玉茶、清香鮮美的四季春等。

　　此外，名間鄉也是全國最早邁向機械化的茶區，由於鄉民很早就已警覺到農村人口大量外移、工資不斷上漲所將面臨的危機，因而於1983年就率先採用與先進國家如日本等同步的

「機械採茶」方式。1985年且成功研發首架「布球揉緊機」，改變揉捻方式，並迅速嘉惠至全台半球型包種茶區。1991年更全面引進室內萎凋以及恆溫、恆濕空調系統，開啓製茶技術的重大突破，製茶從此不必再看老天爺臉色。

由於名間茶農勇於接受新知，從茶樹品種、茶園栽培管理、製茶工廠設施、焙火技術等，在在都最符合了新世紀的科技需求。不僅降低大量的人力成本、大幅提高茶葉生產量，更縮短了製茶的時間。也因為如此，松柏嶺所生產的茶葉，始終能維持穩定的品質、壓低製作成本，而擁有市場的絕對競爭優勢。且以400公尺左右的低海拔面對高山茶的威脅仍能維持榮景而不墜，名間鄉的成就絕非浪得虛名。

松柏嶺的紅土壤含有豐富養分，不僅爲今日賽鴿食用所必須，也是製作鹹蛋包覆採用最多的泥土，因此所產茶葉比其他茶區香氣明顯要足。目前青心烏龍年採四季，其他如金萱、翠玉、四季春可年採6季。

名間鄉擁有全台最早的道教廟宇「受天宮」，建於清朝乾隆10年（1745），供奉道教北極玄天上帝。由於香火終年鼎盛，遊覽車每天載來絡繹不絕的進香團與觀光客，因而自然形成的茶市老街，也是名間最熱鬧的精華所在。

❶ 省力且快速的機採方式，造就名間鄉今日的高產茶量。
❷ 以受天宮爲中心的民間老街，茶葉交易熱絡。

中部　巍巍玉山茶飄香

信義

大詩人余光中曾說：「拿一把大圓規，以玉山為中心，畫一個直徑3,000公里的巨圓，玉山真可以左顧右盼，唯我獨尊。」的確，「環顧東亞的赫赫高峰，北起堪察加半島，南迄婆羅洲，其間沒有一座山能與玉山比高。」即便包括泰山在內的中國「五嶽」、日本的富士山，也都要矮上半截。海拔3,952公尺高度的巍巍玉山，不僅是台灣以迄東亞的第一高峰，更是「心清如玉、義重如山」台灣精神的最大象徵。

不過，聖山可容不得凡人任意侵犯，高處不勝寒的頂峰當然也不可能種茶，今天的玉山茶區，單指海拔1,200～1,600公尺之間的南投縣信義鄉，在1986年間以最接近的地理位置，擊敗其他鄉鎮拔得頭籌，贏得「玉山茶」的註冊商標權。

座落新中橫公路沿線的信義鄉，是全台面積第二大的鄉鎮。古早以來就一直是布農族與鄒族原住民的聚居地，目前主要部落大多位於濁水溪流域的地利、雙龍、潭南、人和，以及陳有蘭溪畔的羅娜、久美、新鄉、東埔、同富等村。

❶ 由於山坡陡峭，茶農摘採茶菁後均需以單軌小車輸送。
❷ 玉山茶為南投縣信義鄉所註冊的茶品（郝大年朱泥壺／90℃水溫沖泡）。

玉山茶區的茶葉品種以青心烏龍為主，金萱次之，四季春較少；由於常年有雲霧籠罩，日夜溫差大，以及四季如春的宜人氣候，號稱全台青心烏龍的最佳生長環境。茶園主要分布在玉山山麓的神木、同富、沙里仙、東埔、羅娜、塔塔加等村落，總面積約300公頃，所產茶葉大多以「玉山高山茶」為名對外銷售，另外也有單獨命名為「沙里仙茶」與「塔塔加茶」的茶品。採摘則以人工手採為主，一年採收3～4次，其中以烏龍最多，約占90％左右。

由於天然環境條件良好，且管理及製茶技術皆已達現代化標準，1993年由政府輔導，在信義鄉同富村的「草坪頭」成立「玉山觀光茶園」，面積約50公頃，近30家製茶廠且有8家備有民宿，成為觀光茶園的最大特色。

玉山烏龍成茶的外形緊結，沖泡後茶湯呈清澈蜜綠色。除了具有一般高山茶的優點外，尚有香、醇、韻、甘、美、生津止渴等六大特色，即便夏茶也絲毫不帶苦澀味。目前信義鄉農會每年5月及12月都會分別舉辦春茶、冬茶比賽展售會，榮獲特等獎的茶品價格也往往高達每斤5萬元以上。

觀光茶園成立後，遊客逐漸增多，當地茶農紛紛兼營民

宿，並成立茶葉及相關農產品門市，茶葉的行銷也從原本單純
地批售予茶商，到自建品牌、商標與包裝等，直接提供予消費
者，可說向前邁進了一大步。尤其產銷班將茶品分級包裝，清
楚標示等級。且為了對消費者負責，目前觀光茶園的各家茶廠
均不惜血本，開發自有的品牌與包裝。

❶ 玉山茶區號稱全台青心烏龍的最佳生長環境。
❷ 玉山草坪頭茶區位於玉山與阿里山之間。

中部 日月潭畔紅茶香

魚池

台灣紅茶的發跡甚早，1940年代末期更曾有一段極其輝煌的歷史，出口量曾高達7,000公噸，成了當時最為「火紅」的外銷主力商品。然而曾幾何時，由於農村勞力缺乏、工資高漲，台灣紅茶在國際茶葉市場幾無立足之地，至1990年甚至從出口最多的茶類轉變為進口最多的茶類。

紅茶是一種全發酵茶，在製茶過程中，經過萎凋、揉捻、發酵、乾燥而成。含豐富的兒茶素氧化產物，如茶黃質與茶紅質化合物等，茶黃質含量愈高，紅茶的品質就愈佳，湯色鮮紅明亮且帶「活性」。

事實上，台灣早在百多年前即已採用本土小葉品種來製造紅茶，但品質滋味不夠香醇，至日據時期的1925年才自印度引進阿薩姆（Assam）大葉種茶，並選擇在南投縣的魚池、埔里等地推廣種植。由於大葉種製成的紅茶，水色豔紅清澈，香氣醇和甘潤，滋味濃厚，而且當地環境非常適合阿薩姆茶生長，因此以阿薩姆在台改良的優質品種「台茶8號」，不僅足可與原產地印度及斯里蘭卡的紅茶媲美，濃醇的滋味更有過之而無不及。

因此即便國內消費量驚人的泡沫紅茶或珍珠奶茶，原料多為斯里蘭卡、越南等地進口，但為了強化自家連鎖品牌的香醇形象，往往也會以台茶8號紅茶拼配。

❷

❶ 魚池鄉的地理環境非常適合阿薩姆茶生長。
❷ 條索肥壯的台茶 18 號紅玉是近年外銷最夯的高級紅茶。

曾名列「台灣十大名茶」的「日月潭紅茶」，產地就在南投縣魚池鄉與埔里鎮，係於1977年由南投縣政府所命名，主要以阿薩姆大葉種為原料，目前種植面積約1,815公頃。

儘管紅茶是目前全球消費最廣、產量也最多的茶類，占世界年產茶葉量300萬公噸的80%。不過也是所有茶類當中，價格最為低廉的茶葉，比起包種茶或烏龍茶，兩者價差幾近數十倍，自然不適於工資、土地成本皆十分高昂的台灣，目前年產紅茶甚至不及1,000公噸；而內銷市場所需的7,000～8,000公噸紅茶幾乎全仰賴進口。

不過，台灣紅茶近年也有令人驚豔的秘密武器，就是俗名「紅玉」的台茶18號，堪稱是台灣茶種目前最年輕的「八年級生」了。由行政院農委會茶業改良場歷經長達五十多年的試驗研究後，所挑選出最具特色的優良品種，也是首度以台灣野生茶作為「父樹」，與緬甸大葉種紅茶作為「母樹」的愛情結晶，於1999年正式審查通過「台茶18號」的命名。是具有天然香氣與味道甘美的優質紅茶，沖泡後會散發出天然肉桂的淡香與薄荷的芳香，不僅品質優於進口紅茶，目前且成了外銷俄羅斯最火紅的茶品。

紅茶一般可大別為功夫紅茶、小種紅茶與紅碎茶三種，也有人將其分為條型紅茶、切菁紅茶及碎型紅茶三大類。功夫紅茶包括著名的祈門紅茶、滇紅與閩紅、川紅等；小種紅茶則有正山小種、煙小種等；紅碎茶則包含葉茶、碎茶、末茶。

　　高品質的紅茶通常採摘一芽二葉到三葉，且葉片的老嫩程度需一致。既然為全發酵茶，紅茶的製作當然與吾人所熟悉的烏龍茶工序不同，基本流程為萎凋（含室內自然萎凋與熱風萎凋）、揉捻與切碎、解塊（從揉捻機移出之茶葉應立即解塊，不可以堆積）、發酵、乾燥等六大步驟。

　　茶業改良場表示，目前國際市場多以「碎型」紅茶為主流，儘管容易沖泡、滋味強，但香氣不足，價格也偏低。因此我國目前紅茶發展的方向並不與世界同步，反而大力推廣手採、香氣馥郁的「條型」高級紅茶，原料則包括台茶18號與8號，所製作的紅茶在國際上才有足夠的競爭力「絕地大反攻」。

　　行政院農委會茶業改良場魚池分場就座落在日月潭北側的山上，海拔1,020公尺，也是俯瞰日月潭全景及觀賞日出的最佳地點。前身為創建於日據時期（昭和11年／1936)的「紅茶試驗支所」，當時隸屬於台灣總督府中央研究所，作為台灣大葉種紅茶研究中心。

　　進入茶改場後可以發現一棟黑白雙色的三層木造建築，那是日據時期所完整保留下來的舊茶廠，也是目前全台碩果僅存的英國傳統式紅茶廠房，當年完全仿造自英國在印度、斯里蘭卡等地製茶廠，外觀典雅古樸的二、三樓廠房包括地板、窗戶、樓梯、門板在內，全以純檜木建造，不僅可吸濕、防水、保溫還可隔熱。廠內全為英國進口的揉捻機、茶菁切斷機、解塊機、風選機、乾燥機等製茶機具，迄今依然正常順暢地服役中，為延續台灣的紅茶發展而努力不懈。

❶ 傳統式紅茶廠房內部全部以檜木建造。
❷ 茶業改良場魚池分場完整保留的傳統紅茶製造工廠。

中部 多雨多霧雲頂茶

林內

提到林內，許多朋友大概都會想到背羽光彩奪目、顏色斑燦的八色鳥。沒錯，名列亞洲及台灣鳥類紅皮書「瀕臨絕種生物」的八色鳥，是每年春夏來台繁殖、初秋離去的夏候鳥，主棲地即在林內鄉的湖本村，因此也讓林內茶園風光登上國際媒體。

而位於林內鄉東面山區的「坪頂」，就是雲林縣著名的茶區，全部200多戶，就有高達九成的茶農。隔著清水溪與竹山的「山坪頂」遙遙相望，海拔高度約300～400公尺。茶園則分布在森林帶以上的緩坡地，由於土壤肥沃，富含腐植質與礦物質，酸度適宜，土質結構疏鬆等優點，且在多雨季節排水方便，較不易積水氾濫，因此1976年自南投鹿谷引進茶種後，短短20多年，便生產出優質的烏龍茶與金萱茶，並打出「雲頂

❶ 雲頂茶大多種植在緩坡徐徐的坪頂台地上。
❷ 坪頂村茶葉服務中心的大茶壺標示。

茶」的名號，除了取產自雲林坪頂，也有「雲林第一頂好茶」的意思。

今天林內鄉湖本村已成立八色鳥保護區，而坪頂村也在政府補助下設立了茶葉服務中心，兩者各得其所且相得益彰。事實上，雲林縣茶園栽培面積約有500公頃左右，主要分布在林內

鄉與古坑鄉，其中林內約占200公頃，其他鄉鎮則僅有零星幾公頃的茶園，但全部統一以雲頂茶為名。種植品種以生長力較強的金萱為主，其次為青心烏龍，儘管產量不多，但製茶品質卻不遑多讓，與馳名的古坑咖啡同為雲林縣的高經濟作物。而位於古坑鄉的「劍湖山世界」，也於2005年5月舉辦別開生面的「全球茶藝博覽會」，向全球展現雲林作為重要茶區的魄力。

坪頂村向以雨多、霧重、濕度大而聞名，烏龍每年可採4季，金萱與翠玉則可採上6季。濕潤的環境對茶中的胺促進，以及含氮物質的合成與累積頗多助益，因而茶葉品質好、嫩度高；加上晝夜溫差大，白天的高溫利於進行光合作用，製造較多的有機質，夜晚的低溫又可以減少呼吸作用，促進茶葉有效成份的累積。

因此當地茶農都自豪地表示「坪頂茶的茶葉特別芳香」。

擁有茶園兩公頃多的「吉成製茶所」，就位於緩坡徐徐的坪頂台地上，老厝、茶亭、檳榔與咖啡樹點綴在青蔥翠綠的嚴整茶園之間，構成波波動人的風景。亮眼的畫面也登上了今日「雲頂茶」統一包裝的封面，包括提袋、茶罐與DM等。

❶❷ 青蔥翠綠的嚴整茶園點綴老厝、茶亭、檳榔與咖啡樹構成波波動人的畫面。

4

台灣南部特色茶園

南部 阿里山茶

阿里山、竹崎、番路

一位客家奇女子，早在國中時作文寫「我的志願」，就沒有一般「大人」所期望的科學家或醫生甚或總統，而一願能遠離塵囂、深居山林之中，二願嫁給原住民勇士「從此過著幸福快樂的日子」，讓三十多年前的班導師與父母親都跌破眼鏡。長大後她果然如願嫁給了鄒族勇士，十多年前再與夫婿胼手胝足在阿里山鄉達邦部落，陸續開闢了6、7公頃的合法茶園，並將現代化的「達明製茶廠」經營得有聲有色。

她是戴素雲，負責茶廠的財務管理及茶品行銷，鄒族老公安達明則負責茶園管理與茶廠經營；由於對山林保育與茶葉品質的堅持，多年來始終以人工除草、花生殼養地，也順利取得農委會的茶葉生產履歷，目前也積極申請有機認證。讓我大感驚奇的是：濃密的茶園內居然還可發現完整的鳥巢與尚未孵化的蛋，可見夫妻倆對生態維護的用心。

達邦是大阿里山系的新興茶區，海拔在1,200～1,500公尺之間，大多數為原住民的保留地，舉目所及盡是一望無際的原始林、楓樹林、茶園、竹林等，置身茶園看日出、晚霞及雲層的變化，山嵐、雲海就在身邊，濃郁的芬多精與來自森林裡無污染的水源，一株株茂密的茶樹在得天獨厚

❶ 清晨沐浴在陽光與雲霧之間的達邦茶園。
❷ 經年雲霧籠罩滋潤使得阿里山茶菁非常肥嫩。
❸ 充滿鄒族文化特色的茶葉包裝與鮮活山頭氣的達明阿里山茶（吳麗嬌岩礦壺/95℃水溫沖泡）。

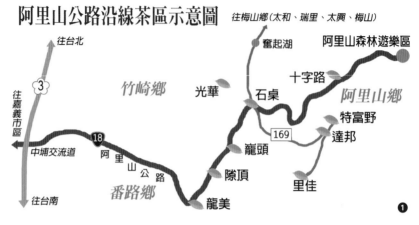

阿里山公路沿線茶區示意圖

往梅山鄉（太和、瑞里、太興、梅山）

往台北

奮起湖　　阿里山森林遊樂區

③

竹崎鄉　　　　　　　十字路

光華　　　石桌　　　　　阿里山鄉

往嘉義市區

特富野

169　　達邦

18　　阿里山公路

中埔交流道

龍頭

隙頂　　　里佳

番路鄉

往台南　　　　龍美

❶

DL-28

18

❷

的天然環境生長，且全部種植品質最高的青心烏龍品種。

傳說鄒族是戰神的後裔，自古以來就以驍勇善戰著稱；為了展現阿里山原住民鄒族的文化特色，戴素雲特別將鄒族的圖像組合，以「紅藍黑」三種代表顏色融入茶葉包裝，不僅呈現高度鄒族特色及原創設計的商標，也不難看出夫妻倆對鄒族文化與高山茶的用心與深情。

根據已故台灣茶業先賢、曾任茶業改良場場長多年的吳振鐸博士深入研究調查，全世界最優良的茶園集中在北回歸線附近約50公里以內山區，而北緯23度半上下、海拔1,000～2,300公尺的阿里山茶區正好符合了這個條件。由於氣溫與高度適宜，經年雲霧籠罩滋潤，濕度及日照均適合茶樹生長，使得茶菁肥嫩。加上生長期長、以山泉水灌溉等因素，孕育出特有的

香氣，包括最受稱道的桂花香與高山冷泉味等。沖泡之後茶湯呈現金黃色，喉韻口感特別醇厚。

儘管阿里山向以蜿蜒的森林鐵路與日出的壯闊景色馳名國際，也是近年陸客觀光的首選，不過眾所熟知的阿里山森林遊樂區並不允許種植茶葉，阿里山茶區主要分布在台18線省道（阿里山公路）沿

❸

❶ 阿里山公路沿線茶區示意圖。
❷ 號稱世界三大森林鐵路的阿里山火車深受遊客喜愛。
❸ 阿里山公路旁的龍頭茶園。

線，包括番路鄉的龍美、隙頂、龍頭；竹崎鄉的光華、石桌；阿里山鄉的達邦、特富野、里佳、豐山、十字路；還有中埔、大埔等鄉以及嘉義縣最北端的梅山鄉（太和、太興、太平、瑞里）等地，數年前才經嘉義縣政府統合稱為大阿里山茶區。種植品種以青心烏龍及金萱為主，總產茶面積高達2,200公頃以上。

話說嘉義縣18個鄉鎮中，高山茶向為年產值最大宗的經濟作物之一，包括早年的「龍眼林茶」、「瑞峰茶」、「瑞里龍珠茶」、「阿里山珠露」、「樟樹湖茶」等五種口碑與市場反應俱佳的茶品，其中阿里山珠露更曾列入「台灣十大名茶」之中。

而阿里山茶區的茶葉品

質，也因位處海拔的高低而有所差異：如竹崎鄉的石桌（昔稱石棹或石卓）茶園大多分布於海拔1,300～1,500公尺的山坡地，目前面積近90公頃，儘管產量不多，但由於終年雲霧密布，因此「高山氣」重、茶質較為柔軟，成茶外觀翠綠、顆粒碩大、香氣濃郁；著名的阿里山珠露即產於此，號稱竹崎鄉民的「綠金」，茶名則為1987年由謝東閔前副總統所賜，茶湯為蜜綠色，入口即有一股高山茶特有的幽雅香氣與清純甘潤的滋味。

番路鄉的隙頂茶區，平均海拔1,300～1,500公尺，由於有幻化莫測的特殊雲瀑籠罩，日夜溫差頗大，也非常適合茶樹培育及生長。籠頭一帶則因日照充足，茶葉的熟果香特別明顯。至於有人說太和茶雖甘醇卻較少山靈之氣，達邦與特富野茶則「森林之氣」最揚，各茶區可說各有特色。

達邦與特富野是典型的鄒族部落，原住民本以竹筍、山葵、愛玉子與上山獵捕為主要經濟來源，1980年中期陸續有茶商進入，與族人合作開闢茶園、成立茶廠等。由於終年雲霧繚繞，土壤排水及透氣性佳、含豐富微量元素等優越的「地利」環境。尤其上午日照充足，午後山嵐飄渺，且多以水質柔甘的天然山泉水灌溉，悉心照顧的茶樹都能長

❸

❶ 石桌一帶雲霧欲來的茶園。
❷ 老吉子的阿里山碳焙烏龍（八鼎黃段泥壺/95℃水溫沖泡）。
❸ 達邦部落潔淨的街道與山嵐。

出柔軟飽富彈性的葉芽，提升茶葉的甘醇美味。因此所產茶葉很快就在市場上爆紅，茶價節節攀高，成為當地原住民首要的收入來源。

我特別喜歡阿里山鄉特富野部落，由「老吉子茶場」鄭添福所製作、再加以碳焙的阿里山烏龍，除了25%的發酵度，手工炭焙成就的特殊香氣及圓潤茶湯，可說香久益清、味久益醇，口感的醇厚與飽滿甘甜更難以言喻。

族群融洽合作則是達邦與特富野部落的另一種景觀與內涵，我每回上山，都會發現鄒族婦女彎身於茶園中除草，那份虔敬以及從不使用除草劑的愛心，經常讓我感動莫名。另外，青綠茶園裡常可見著鄒族人豔麗的傳統服飾綴點其中，高亢的歌聲迴繞，一幕幕人文洋溢的天然風景，隨著清涼視野沁入心扉。

達邦部落是鄒族主要聚落之一，潔淨的街道與純樸的民風讓人印象深刻，村內有彰顯權力的庫巴*、代表歷史的日警官舍、象徵精神的達德安標誌、原始生態步道，以及每年七、八月間小米成熟時節舉行小米祭的祖屋等，不僅是深入台灣原住民文化的重要據點，也是賞鳥的好去處，稀有的保育類「藍腹鷴」往往會與遊客來個驚喜的邂逅。

由於清晨陽光普照，午後落霧籠罩，茶山往往「雲深不知處」。因此前往阿里山原住民茶區最好住宿當地。我特別推薦達邦的Mimiyo（秘密遊）民宿：2011年夏天，經由安達明侊儷的熱情邀約，我與台灣岩礦壺名家游正民一行即入住於此，鄒族主人阿by與畢業於台大外文系的漢族愛妻饒翠霞告訴我，

❶ 達邦茶園裡穿著鄒族豔麗傳統服飾採茶景象。

＊鄒族傳統部落社會中，作為政治、經濟、宗教活動核心的建築物。

Mimiyo在鄒族語為「趴趴走」之意。在享受一頓豐盛又精緻的鄒族風味有機大餐後，我們在他一手打造的原木餐廳內，以柴火燒水泡茶，在群山環抱中擺設茶席，品味達明茶廠剛剛出爐的夏茶，特別感到山頭氣特有的鮮活，與香醇幽雅的原味飄香。當時窗外正下著嘩啦啦的大雷雨，聲音卻不及當地特有的一種「鳥蛙」，正式學名我記不得了，但明明是青蛙卻發出悅耳啁啾的鳥鳴，讓我嘖嘖稱奇。

約莫清晨六時撥開窗簾，晨曦中的阿里山在眼簾中逐一映現，龐大的山勢瞬間崛起，森林清晰可辨，雲海滾滾沸騰。毫不猶豫抓起相機就往外面衝，但見一片又一片的茶園沐浴在晨光霧靄之中，嫩綠的茶芽隨著陽光與雲霧的遊移而不斷改變光點，彷彿墜落凡間的星子們在茶園上方遊走跳躍。戴素雲曾說達邦茶葉經年累月吸取日、月、露之精華，果然所言不虛；每片茶葉都飽含大地豐沛的生機與能量。

阿by說天清氣朗時，遠方的山巒清晰可辨，山谷中的聚落彷若觸手可及；而每逢雨後，雲霧自山坳升起，山巒在雲霧間若隱若現，更添一股誘人的魅力。在毫無「光害」的環境中，邂逅滿天星斗與飽覽月色，更是夜晚窗外的一大享受吧？

正值夏茶採收期間，綠油油的茶園中，安達明穿上鄒族服

飾，率領一群鄒族傳統豔麗服飾的娘子軍，穿梭在生氣盎然的茶園中忙碌採茶，年紀最大的趙媽媽已有86歲高齡，依然身手俐落矯健，最年輕的小英則約莫雙十年華，老老少少的繽紛色彩閃動在綠浪推湧間，不一會兒功夫，黃色的茶簍裡已裝滿鮮嫩的茶菁。另一座山頭還有客籍的「達邦開喜婆婆」以曼妙的肢體語言討喜呈現，族群融洽的氛圍讓人心曠神怡。

安達明說，除了菱凋師傅目前仍須遠從太和聘請外，其他包括採茶工以及殺青、揉捻、熱團揉、烘焙、包裝等製茶師傅，全都來自當地鄒族居民，不僅凝聚族人的向心力，不必再為謀生而出走；經過多年的訓練與培養，所產製的茶品比起平地茶廠毫不遜色，且因充分熟悉地方環境與生態，茶品更深具阿里山原始風味與高山茶特色。

❶ 秘密遊民宿主人阿by（左）以柴火燒水，壺藝家游正民（右）以手拉的岩礦壺泡茶。
❷ 由安達明領軍的達邦鄒族採茶娘子軍。
❸ 達明茶廠所有製茶師傅均為當地鄒族，凝聚十足的向心力。

南部 36灣找茶趣

梅山

嘉義縣大阿里山茶區，種植面積以梅山鄉的1,200公頃居冠，茶園主要分布在太平、龍眼林、碧湖、太興、瑞峰、瑞里、太和等7村，而以樟樹湖地區海拔1,600公尺最高，因此早年尚未統合爲大阿里山茶之前，就多以地方名作爲獨立的茶品名稱，以凸顯其高山茶的特質。

值得一提的是，梅山鄉的瑞里、太興與太和三村早爲全台茶葉重鎮，而龍眼林與碧湖兩村更號稱台灣高山茶的發源地。尤其2004年由行政院農委會主辦的第一屆「全國優質茶競賽」，前三名即分別由梅山鄉的太平與瑞峰兩村囊括，更使得梅山茶身價瞬間暴漲，成了台灣優質茶的代名詞。而2009年八八風災過後，台北故宮博物院也曾在「至善園」內爲太和茶舉辦「水過太和茶更香──故宮至善園太和茶會」，大力推廣太和茶。

從國道3號南下過雲林斗六後下梅山交流道，本名「糜仔坑」或「梅仔坑」的梅山，海拔高度從城內的90公尺沿著169或162甲縣道陸續攀升至1,815公尺，沿途還有蜿蜒的「36彎」告示牌一路提醒相伴。儘管彎道險峻並不亞於北宜公路的「九拐十八彎」，但舉目所見盡是綠油油的茶園，與醒目繽紛的民宿招牌，驅車找茶格外充滿生氣與趣味。

太興村「芳興茶園」的簡勝郎說，太興海拔雖僅有700～1,000公尺，種茶起步也較其他村晚，但得天獨厚的「內山」環

❶ 在梅山蜿蜒的36彎道上可鳥瞰嘉南平原。
❷ 梅山36彎道隨處可見茶園簇簇。

境卻造就了全國首屈一指的「高山金萱茶之鄉」。目前在茶葉競賽中列為「新品種組」，特有的「奶香味」深受都會上班族尤其是年輕族群的瘋狂喜愛，1980年代末期的價格更曾數度超越烏龍茶，讓當時鄰近的龍眼林、太平等村也紛起效尤改種金萱。

直至1993年後台灣茶由外銷轉為內銷，烏龍茶價格再度飆升，加上部分不肖商人為加強奶香，不惜揠苗助長為茶葉添加奶精，嚴重扭曲消費者的印象，使得金萱價格一度狂跌，從此梅山茶農又紛紛砍掉金萱改種青心烏龍，只有太興村始終如一。不僅成立全國唯一專業產製金萱高山茶的「玉鑫萱茗茶共同經營產銷班」，由2002年全國神農獎得主簡清樂擔任班長，建立分級包裝制度與策略聯盟。而產銷班每位成員也都認同以金萱為主，共同努力推廣使之普及化，並聯合外銷至中國大陸等地。

簡勝郎表示，太興村的位置明顯坐西朝東，茶園日照充足，擁有全台甚至全球最優秀的金萱茶，所產製的金萱為20%左右的輕發酵度，在毛茶階段就

❶ 太興村高山金萱冬茶摘採熱鬧景象。
❷ 論斤計酬的採茶工每天最多可採茶菁30～50公斤。
❸ 梅山茶農在自家禾埕做日光萎凋。

有濃郁鮮明的奶香，即便精緻烘焙後也不會流失。目前年採六季，包括春茶兩季、夏茶兩季以及秋、冬各一季。目前採茶女性一天最多可採茶菁30～50公斤，以每公斤約40～60元的價格秤重而計。

　　與南投鹿谷的茶葉競賽不同，梅山鄉農會自有比賽茶以來，就有新品種組的設立，目前茶賽的主辦單位包括嘉義縣製茶工會、梅山鄉農會、阿里山茶葉生產合作社等。以梅山鄉農會獲獎的價格最高，僅次於鹿谷鄉農會，每季參賽的件數約金萱600多點、烏龍900多點，每點限22斤。

　　簡勝郎表示，家中於1983年先種烏龍，1986年才改種金萱，當時父親認為檳榔有礙身體健康，且看好台灣茶葉的遠景，而毅然將檳榔樹全部砍掉改種金萱。原本任職於台北大同公司的愛妻蕭淑卿也返鄉共同打拚，以無比的戰鬥力投入茶園當個「內山媳婦」卻甘之如飴，令他感動萬分。就這樣兩人手攜手創造今日的局面，獲得新品種組特等獎、頭等獎殊榮無數。目前每公頃年收可達4,000斤；除了金萱高山茶、陳年烏龍老茶、台灣甜肉桂等產品外，經茶改場輔導產製的「佳葉龍茶」也已打響知名度。只是工資高昂，利潤不如外界所想像罷了。🍃

❹ 梅山簡勝郎手採產製的金萱烏龍濃郁的奶香令人回味再三（洪錦鳳岩礦壺/90℃水溫沖泡）。

南部　落山風吹拂港口茶

滿州

　　小時候讀中國地理，印象中東北三寶「人參、貂皮、烏拉草」是同學最常琅琅上口的句子，也經常被列入考題之中；卻不知台灣最南端的恆春半島也有三寶：洋蔥、瓊麻、港口茶。其中港口茶「微鹹」的海洋滋味與略苦後甘的口感，不僅見證先民拓墾的艱辛與智慧，更充滿令人回味再三的喉韻與風采。

　　港口茶到底是何方神聖？無論來源、生長地方、種植方式或製作方法都充滿了傳奇，至今且爭議不斷；甚至足以顛覆一般人對台灣傳統茶葉印象。

　　港口茶因產長於屏東縣滿州鄉的「港口村」而得名，由於位處台灣最南端且鄰近海洋，海拔高度尚不及100公尺，少霧少雨、日照強烈的氣候，以及海風、東北季風甚或「落山風」經年吹拂的特殊環境，孕育出來的茶品，不僅完全迥異於台灣任何一處茶區的生長條件，百多年來面對惡劣環境仍能繁衍至今的韌性，也令專家深感驚異。

　　港口茶的由來，據說可直朔至十九世紀的清朝光緒年間，由於當時的恆春縣令周有基喜愛品茗，祖籍福建的茶農朱振淮特別自武夷山攜回茶種，種植在港口村後山背東北季風的山坡上而得名。儘管周縣

❶❷ 百多年來面對惡劣環境仍能繁衍至今的港口茶園（許立名提供）。

令早已任滿離去，港口茶卻在寶島流傳了下來。今天在港口村以「順興茶園」聞名當地的朱家第五代傳人，朱順興阿伯就表示，朱家種植港口茶的事蹟不僅《恆春縣誌》早有記載，當初周縣令賜給朱家五甲地種植港口茶傳承至今。

另一個說法是：恆春縣令周有基於清朝光緒二年（1876）返回內地時，自安溪攜回青心烏龍、綠茶、紅心尾、雪梨等四種茶籽，分給境內農民種植於赤牛嶺、老佛山及港口等處。

由於恆春半島四季偏熱，夏季尤其高溫，且有漫長的乾季煎熬，因此港口茶從過去至今，始終只能採用「撒籽播種」的有性繁殖方式，成了全台唯一的「實生種」茶樹，與台灣其他茶區採「阡插」或「壓條」的無性繁殖法全然不同，也是台灣目前唯一沒有經過改良的原生種茶樹。

年逾七旬的朱順興說，港口茶的傳統製作方式係於同一個炒鍋內完成炒菁、揉捻及乾燥，且純粹由手工製造，使得茶葉色澤灰綠光潤、外形

條索緊結彎曲似眉，類似綠茶類的眉茶作法，因此過去一度被歸類為炒菁綠茶。由於慢火炒茶的過程必須不斷翻動，茶葉毫毛受到不斷碰撞而造成捲曲、茶質乾燥、緊結等現象，才使得港口茶外觀呈白霧狀。

可惜今天當地茶農大多已改採機械化方式產製，不僅以殺菁機炒菁、揉捻機揉捻，更以布球機作熱團揉，因此茶葉外觀呈緊結的半球型，而非過去的條索狀，越來越像烏龍茶。但茶葉仍保有灰綠色澤、灰白起霜、滋味濃冽的特色。

今日港口茶的種植面積僅約20公頃，儘管產量稀少，但仍有其特殊的地位；因此市售仿冒品眾多，且真假難辨。專家特別提醒說不應以半球型或長條狀來識別，畢竟茶葉的外觀會隨著製造方式的演進而改變。由於港口茶山的山勢不高，既無雲霧籠罩，土質氣候也較為特殊，因此水分少、成份濃。加上長期位處海邊，當然少不了要帶有「海」味，葉片也較一般茶葉來的厚實，帶點白霧如生菇一樣的白色。

朱順興表示，傳統港口茶早期以葫蘆為記，包裝類似古早的「包種茶」作法，以兩張方形白紙，包兩兩茶葉，並以朱泥蓋上朱家傳統「金發號」大印，再紮上細草繩包裝，十分古樸，直到他這一代才更名為「順興茶園」。

今天港口茶的製程雖明顯迥異於古法，綠茶類的眉茶作法也成了半發酵的烏龍茶，但依然保有落山風吹拂下的強烈風格：葉片沖泡濃郁，金黃色的茶湯帶著翠綠，飲後入喉的溫潤則彷彿高粱酒般強勁、濃烈而醇香。具有味甘、潤喉、耐泡、成份濃厚的獨特口感。

❶ 今天港口茶已看不到在同一個大鍋內炒菁、揉捻及乾燥的手工製茶方式。照片係攝於2010年的中國浮梁。
❷ 傳統的港口茶表面帶點白霧，以白紙紮上細草繩包裝（曉芳窯嬌黃釉壺組/95℃沖泡）。

5

台灣東部特色茶園

東部　蘭陽溪畔玉蘭茶

大同

①

　　宜蘭縣種茶的歷史不算太短，最早可追溯至1905年。目前全縣茶園面積約400公頃，主要分布在四大茶鄉：三星鄉的「上將茶」、大同鄉「玉蘭茶」、冬山鄉的「素馨茶」、礁溪鄉「五峰茶」等。

　　近年迅速竄紅的玉蘭茶區，位於宜蘭縣大同鄉的台7線上，道路與蘭陽溪中游偌大的「荒溪型」河床平行，附近有著著名的明池與棲蘭兩大森林休憩區，距離台灣乃至全球海拔最高的梨山茶區也不算太遠。產自玉蘭村與松羅村山麓的玉蘭茶，其實與你我喜歡在車內擺放聞香的「玉蘭花」並無任何淵源，得名來自早年漢人在此設立鋸木廠，泰雅族人稱鋸木為「幽沽浪」，逐漸轉音而來。由於群山環抱、雲霧繚繞，孕育了香氣濃郁、滋味甘醇甜美、令人回味無窮的玉蘭茶。中華茶文化學會范增平會長且盛讚為

「具有玉蘭花香、檳榔花香與野薑花香的優質茶品」。

　　與河床平行、低海拔的玉蘭茶，儘管價格無法與高海拔的梨山茶相比，但茶湯蜜綠金黃，飲之有獨特的香氣與風味。而

❶ 玉蘭茶區有著渾然天成的最佳景致。
❷ 同時具有玉蘭花香、檳榔花香與野薑花香的玉蘭茶（曾冠錄手拉壺 /90℃沖泡）。

且一畦畦的茶園沿著山坡種植，驅車直上山頂鳥瞰整個茶區，但見一塊塊綠油油的茶園錯落分布，無數棟歐式風格的民宿則妝點其間，蘭陽溪石壘暴露的河床，就隔著台7線蜿蜒的道路在前方閃耀著白色光點，起伏的山巒也在對岸遙遙相望，雪山山脈則在另一頭盤互綿延，美麗的景致讓我忍不住「喀擦喀擦」猛按快門拍照。

　　號稱「玉露蘭馨」的玉蘭茶區規模並不大，目前茶園面積僅約200公頃，茶樹品種則涵蓋了青心烏龍、金萱、翠玉等，每年僅採摘春、冬兩季。由40餘戶包括泰雅族、客家人、外省人、閩南人等不同族群構成的聚落，其中以客家族群占多數，約七成左右。村民幾乎都以種茶製茶為業，近年則多配合政府推廣休閒觀光農業政策，而紛紛發展為以茶園為主的渡假民宿；較為著名的包括松羅部落入口處不遠的「茶鄉園」、半山腰的「逢春園」、「山泰農園」等。

　　近年來由於行政院農委會水土保持局，在當地積極輔導遍植美麗的山櫻與吉野櫻，趕在早春時節前往，除了茶樹萌綻新綠，舒展盎然生氣外，桃粉繽紛的櫻花更將玉蘭茶區妝點得更加婀娜有致。漫步在櫛比鱗次的房屋與幽雅的巷弄之間，雞犬相聞的農舍、茶行、民宿、泰雅風味餐館等彼此促膝，加上天然的野溪溫泉、松羅國家古道等。柳暗花明之間，忽見潺潺溪流與平行的九寮溪原木步道，忽見主人親切招呼品茶，或品嚐當地特色的茶食，如茶粿、茶凍、茶燻蛋、茶鵝等，最能感受濃濃的人文氣息。

❶ 玉蘭茶區近年不斷發展觀光休閒產業，歐式風格的民宿隨處可見。
❷ 玉蘭茶區 40 戶居民幾乎全以茶產業或民宿為主。

1 東部 蜜綠金黃素馨茶

冬山

在宜蘭縣的另一處在水一方，冬山鄉與蘇澳鎮分界水流「武荖坑溪」蜿蜒流過，海拔在500公尺以下的西岸，晨霧籠罩且坡度適中的地區也有茶樹廣植，孕育了冬山鄉知名的素馨茶，包括武荖坑、太和、中山、大進一帶，茶園面積約300多公頃，其中又以中山最多。整體來說，蘭陽地區茶園總面積約600多甲，其中冬山鄉就占了三分之一左右。

素馨茶區雨水充沛，濕度充足，有霜寒而不害，因此栽種的金萱、翠玉與青心烏龍均生長良好，產製的茶葉柔嫩而氣味氛芳，成茶外觀呈墨綠色澤。沖泡後則表現蜜綠金黃的湯色，滋味甘醇且不苦不澀，素雅馨香的特質獨樹一格，因此在1984年，經當時國民黨秘書長蔣彥士命名為「素馨茶」。

素馨茶區不用手採而以機採方式，因此茶園外觀較為整齊一致。茶品目前以清香型包種茶與烏龍茶兩者為大宗。發酵程度較輕的包種茶（約12～15％），茶葉外觀色澤鮮綠，茶湯為帶有蜜綠的金黃色，滋味甘醇而有活性，自然花香顯著。發酵程度較深的烏龍茶（約20～25％），茶葉外觀黃綠相間，茶湯則呈現透亮的琥珀色，滋味濃醇甘潤且帶有熟果香。

經由台灣茶藝界大姊大、曾任中華國際無我茶會

❶ 素馨茶區的層層圈圈構成的圓形茶園。
❷ 佇立在素馨茶區的巨大水牛雕塑。

理事長陳寶大姊的推薦與帶路，我們開著休旅車緩緩駛進茶香飄搖的鄉間小路上，首先映入眼簾的居然是以層層圓圈呈現的茶園，規模雖不如南投軟鞍的八卦茶園，但也夠讓人眼睛為之一亮了。緊接著登場的是一座巨型水牛雕塑，應該是大型燈會留下的主燈吧？水牛伴著翠綠的茶園，恰如其分地融入周遭的景致，彷彿守候著這片土地，令人動容。

中山村潔淨平整的小路上，不時可見各觀光茶園的標示立牌，而歐式建築風格的茶廠或民宿則一幢幢點綴在茶園田野之中，令人感到舒適又愉悅。

順著指標走近「綠野茶園」，主人李振福是中山村現任村長，他親切地招呼已被6月豔陽曬到發昏的我們坐下泡茶。他說宜蘭不算是知名茶區，但種茶的歷史卻十分悠久，稱得上是老茶區了，只是以往多以毛茶方式送往坪林或是梨山，以其他知名品牌上市。由於品牌上不了枱面，當地茶農早期多自我解嘲為「細姨茶」。茶品外觀也隨著市場改變，例如銷往坪林做成條型包種茶，銷往梨山則改為球型烏龍茶。所幸近年縣府積極發展觀光休閒產業，在農政單位的輔導

下，逐漸脫離作為其他地方品牌OEM的尷尬局面，轉型為台灣東北部知名的觀光茶園，目前年產量約60萬公斤，而且無論茶園管理及製茶技術、形象包裝等皆有極高的評價。

李振福說素馨茶以金萱烏龍為大宗，年採春、冬兩季為主，近年則在夏季以金萱製作紅茶上市。他笑著說過去茶農為配合坪林市場而製作條型包種茶，至今改為球型主打地方品牌後，長久累積的習慣或經驗一時還改不過來，不僅球型不夠緊實，還留了條小尾巴，與其他地區相較，「蝌蚪型」的外觀與半球型也有些差異，但也意外創造了素馨茶獨一無二的風格，作為辨識的最大特徵。

李振福說素馨茶採摘時間大多在午後12時至3時，由於茶廠多位於茶園之中，茶菁在光照充足下得以立即進行日光萎凋，經室內靜置、攪拌、殺菁、揉捻、團揉等過程所辛勤製作的茶品，儘管目前茶價不高（每斤約在800～1000元之間，特等獎茶則有3,500元左右），但茶農依然樂觀知足。尤其在發展觀光休閒產業後，冬山茶區除了販售自家茶品，民宿與餐廳也逐漸打響口碑。

在兒子楊秉閎開設的「金品鎮」店內，陳寶大姊取出她珍藏多年的素馨老茶，勁黑帶紅的條型外觀像極了陳年普洱散茶，淡淡的梅香撲鼻，入口卻毫無一絲絲的酸味，厚重的口感在入喉後緩緩揚起的韻味令人激賞。顯然在陳放多年後，素馨茶的豐姿熟韻更不遜其他地區的台灣陳茶，一抹餘香更在驅車離去時從口腔徐徐釋放。

❸

❶ 歐式建築風格的茶廠或民宿在素馨茶區隨處可見。
❷ 素馨茶以春冬兩季的金萱烏龍與夏季的紅茶為主。
❸ 陳寶珍藏的素馨老茶外觀與普洱散茶相似，豐姿熟韻令人激賞。

①

好山好水天鶴茶

舞鶴

　　舞鶴，多麼美麗浪漫的地名！瑞穗，多麼豐饒醉人的茶鄉！同時匯集了稻香、茶香、咖啡香與柚香的「豐葦原之瑞穗國」。源於日據時期日本移民抵達時，看見豐盈稻米結穗累累而名。早先更因秀姑巒溪、塔比拉溪、馬蘭鉤溪、紅葉溪等河流匯合此地而名為「水尾」。

　　位於花蓮縣瑞穗鄉的舞鶴台地，堪稱台灣山坡地發展最為成功的例子，也是東台灣最大的巨石文化史蹟區，包括著名的掃叭石柱與陽石、陰石及開洞石等。更是優質的「天鶴茶」產地，長久以來始終以芳香甘醇的特色馳名中外。近年的當紅炸子雞則以新興崛起的蜜香紅茶、蜜香綠茶與柚香茶為代表，成為外銷市場上所向披靡的新寵。

　　舞鶴原名為掃叭頂，話說「花東縱谷」本為菲律賓海洋板塊與歐亞大陸板塊兩相衝突而成，位於縱谷中央地帶的瑞穗鄉，不僅處於海洋與大陸板塊的交會點，由秀姑巒溪河床堆積而成的舞鶴台地，又恰好位於北回歸線上。多元的地理景觀，加上怡人的氣候，孕育了極富區域特色的茶葉。尤其茶園與檳榔相間栽植在凸起的河階台地，遠眺秀姑巒溪河谷與對岸翠綠的山巒，更充滿悠閒

❶ 好山好水的花蓮茶園特別潔淨無污染。
❷ 舞鶴是東台灣最大的巨石文化史蹟區，掃叭石柱至今保存完好。
❸ 座落瑞穗鄉舞鶴村的北回歸線標。

的鄉野氣息。

舞鶴台地海拔不算太高，卻常年雲霧繚繞，土質是紅黏土，土壤呈酸性且排水良好，因此1973年在茶業改良場輔導開始種植茶樹後，立即因緣際會地成為天鶴好茶的原鄉。

天鶴茶係以青心烏龍、大葉烏龍或金萱等，製作半發酵半球型的烏龍茶類，發酵度介於文山包種與凍頂茶之間，成茶醇厚可口、芳香馥郁。此外，當地茶農也開發出許多茶葉相關產品，如茶羊羹、綠茶酥、綠茶餅、綠茶小月餅、綠茶巧克力、茶香瓜子、茶香開心果等。

值得一提的是：白茶在台灣原本全無產製，舞鶴茶農葉步銪卻以俗稱「白文」的台茶14號，採摘端午節前後至中秋之間，經過小綠葉蟬叮咬過的一心一葉夏茶做出了白牡丹茶，茶湯呈杏黃或橙黃色。儘管風味與福建建陽原鄉的白牡丹不盡相同，卻也算是全台獨一無二的白茶了。

種茶製茶已傳承至第三代，家中掛滿「特等獎」、「頭等獎」等競賽匾額無

❶ 舞鶴海拔 1000 公尺的西寶山可鳥瞰整個瑞穗鄉與秀姑巒溪。
❷ 阿美族婦女在舞鶴茶園採摘春茶。
❸ 花蓮瑞穗鄉的白牡丹茶屬台灣較為少見的白茶類。
❹ 吉林茶園 2010 年囊括 10 座金牌獎的蜜香紅茶（陸羽四季蓋碗 /95℃沖泡）。

數，甚至在2010年一舉奪下10面金牌獎，讓媒體驚嘆為「十全十美」，向以豐富嫻熟的製茶技術聞名當地的「吉林茶園」主人彭成國說，舞鶴茶區最大的特色為「早春、晚冬」，茶園每年最早在立春過後即可採收，最晚則至翌年1月，因此每年最多可採6次。

　　紅茶也可以充滿熟果香與蜜香嗎？近年經由茶業改良場台東分場的大力推廣，將小綠葉蟬咬食過的夏茶製成風味獨具的「蜜香紅茶」與「蜜香綠茶」。彭成國說，一般茶區多以春茶與冬茶為主要產期，而夏天茶葉單寧素含量較高、易苦澀，因此茶農多取用小綠葉蟬叮咬「著蜒」後的茶葉，製成的蜜香紅茶帶有獨特的果香和蜜香，滋味不遜於紅透半邊天的東方美人，且無一般紅茶的苦澀。

　　蜜香紅茶在製法上，雖介於一般紅茶與膨風茶之間，但原料既非新竹、苗栗一帶採用的青心大冇，也非紅茶常用的大葉阿薩姆種，而大多以大葉烏龍或翠玉來製作。不同於其他茶區採日光萎凋或室內萎凋，茶菁採摘後大多使用熱風萎凋，較節省人力，時間上也較能控制。約2～6小時後直接揉捻約2小時、再放入發酵室發酵2小時後烘乾。至於有茶農以類似東方美人的作法，在完全發酵後再經一道靜置悶熱，過程中稍有不慎恐導致茶葉受悶或變酸，因此目前在花東地區並不普遍。

　　茶業改良場台東分場場長吳聲舜說，紅茶以手採的「條型」為高級品；為了提升農民收益，也同樣輔導瑞穗農民將蜜香紅茶製成條索狀，不僅飽含濃郁的果香與蜜味，又不失紅茶應有的圓潤口感，因此在2006年的「天下第一好茶」國際競賽中，能夠擊敗其他國家而勇奪紅茶類金牌獎。

　　蜜香綠茶也是花東兩縣新近研發推出的市場新寵，原料與蜜香紅茶大致相同。經浮塵子小綠葉蟬危害過的茶心往往會有所枯萎，並滿布白毫，製成烏龍茶恐無市場競爭力，因此過去幾乎不做夏茶，經茶業改良場輔導後，取其一心二葉製成綠

❶ 吉林茶園在烘焙機內一層花一層茶地置入低溫燻製而成的柚香茶。
❷ 不同於西部茶區的論斤計酬，花蓮採茶以工時計酬為主。
❸ 烘乾後的柚花與香氣迷人的柚香茶（景德鎮將哥窯鬥彩蓋碗/95℃沖泡）。

茶，反而具有天然的蜜香而大受歡迎。

　　蜜香綠茶的製作是將茶菁直接置於室內，依氣溫不同靜置8～24小時，待茶菁柔軟後，不經攪拌即直接殺菁、揉捻、烘焙而成。因此蜜香綠茶除了天然的蜜香外，還多了一股撲鼻的清香。沖泡後茶湯顏色呈蜜綠色，入口香醇甘潤，且帶有極佳的喉韻。

　　至於柚香茶，則是源於花蓮農民勤儉惜物的天性所出：話說瑞穗每年都有柚花季，即3月下旬至4月初，超過一億朵的柚花同時綻放，滿滿的香氣隨風飄逸，讓北回歸線上的花東縱谷瀰漫著醉人的清香，只是花兒二十多天就謝了，大批觀光客湧來賞花卻不能帶走。而一百朵柚花只有2.7%的機率能結成柚子，其餘不是被風雨打落，就是農民希望獲得較大果實而摘除，未免可惜。因此茶農特別以大葉烏龍或金萱製成的半球型

烏龍茶為茶底,在3、4月採集新鮮柚花,以一比一的茶葉在烘焙機內一層花一層茶地置入,在攝氏75度以下的低溫烘焙燻製,約7、8小時後將花移開即大功告成。

　　柚香茶乍看之下與其他烏龍茶外觀並無不同,卻蘊藏著柚花迷人的清雅。以「吉林茶園」熱銷加拿大等國始終供不應求的柚香茶為例:資深泡茶師唐文菁說:「開湯後,清香較為濃郁,彷彿置身三月的柚子園中;蜜綠泛黃的茶湯,在清甜、甘爽中略帶青澀,柚花的香氣更是沁人心脾。」不僅入喉留香,即便沖至四、五泡後杯底仍有餘香,令人激賞。

❶ 花謝後才會結果的柚子花潔白、清香,讓人難忘。
❷ 於午時採收不帶露水,且香氣最盛、蜜汁最豐富的柚花才能產製柚香茶。

東部 有機紅茶風華再現

鶴岡

1960年代花蓮縣瑞穗鄉曾以「鶴崗紅茶」聞名於世；不僅曾在當時爲台灣賺取大把外匯，相信今天五年級以上的朋友都還記得，當年罐裝飲料尚未普及，在台鐵光華號特快車上所喝到的紅茶，就是來自鶴崗村的鶴崗紅茶，那種醇和甘潤的滋味，就跟當時鋁製的台鐵便當一樣，至今仍令人深深懷念。

儘管由於國有財產局在1974年收回土地，讓走過十多年風光歲月的鶴崗紅茶走入歷史，但經由佛法山開山宗長聖輪法師的努力，今天鶴岡紅茶已風雲再起，並青出於藍地掀起一股有機紅茶的旋風，那就是曾榮獲2007年台灣第一屆有機茶比賽特等獎、2010上海世博會名茶評比金牌獎、以及2010年國際名茶評比「世界佳茗大獎」的「一炮紅」。

一炮紅茶樹品種來自農委會茶業改良場取名「紅玉」的「台茶18號」，在聖輪法師開創的「瑞穗有機生態農場」，於

❶ 佛法山德榮法師帶領弟子在瑞穗有機生態農場悉心呵護茶樹（王新雨提供）。
❷ 在鶴岡再度一炮而紅的一炮紅有機紅茶（陸寶墨染壺 /95℃沖泡）。

2003年起與弟子胼手胝足開始種植，並於2006年底成功發表，風光舉辦「鶴岡紅茶風華再現」活動。聖輪法師說，新製的鶴岡有機紅茶經各界品嚐後，咸認風味絕殊，無論香氣、滋味皆堪稱極品，與知名的日月潭紅茶，東西兩地相互輝映，希望能再創台灣紅茶奇蹟。

在台灣致力推廣「農禪法門」的聖輪法師，其實早在1989年即已倡導「以農場為道場」、「以農自養，以禪悟道」，並首於台中大坑設立「佛法山有機教育農場」，帶領門下弟子，投入有機農業的耕作與推廣。更為了弘揚茶禪文化，而積極推動心靈茶禪道、感恩奉茶、佛門普茶等活動，十多年來耕耘出一片片有機淨土，也樹立了佛法山獨樹一格的宗風。

聖輪法師回憶說，多年前在鶴岡看到幾株長在柚子園旁的老茶樹，於是從2003年起復植，並找到了前鶴岡茶場老師傅親授製作技術。親勤耕耘多年，果然讓鶴岡紅茶再度一炮而紅，飄出脫俗的高雅茶味，與鶴岡文旦的柚花香，共同譜出鶴岡最令人驚豔的兩種香氣。

細細品嚐帶有濃厚禪家風味的一炮紅，不僅條索肥壯、茶湯水色明亮、香氣高雅明顯，在甘醇的滋味中，更能感受佛教眾僧對眾生深切的關愛。

聖輪法師表示，茶園不使用農藥與除草劑，而以人工及機械鋤草取代；並自製高成本且各元素充分的有機肥，以及各種專業技術所製的液肥，定期為茶樹注入豐厚的養分。他說儘管有機農法耗時費工，備嘗艱辛；但有一份責無旁貸的使命感和關懷大地之情，促使投入一生無悔的執著，為生命注入生機的

活泉、更新的動力；更保障消費者對茶品健康的權益。

在不使用化學肥料、無農藥毒害的環境裡，眾僧攜手悉心照顧成長的茶菁，不僅能製作出優質好茶，也使茶園生態平衡，大地草木生機蓬勃，望眼所及滿園翠綠；駐足園中，茶香隨風拂面，靈氣充盈，宛如淨土重現人間，令人深深感動。

正如聖輪法師所言：「復興鶴岡紅茶只是一小步，願大家共同努力薪傳歷史文化，讓台灣茶文化落地生根」。在鶴岡有機茶園內，我看到的不僅是甘醇芳香的頂級紅茶，更看到台灣茶的未來走向：健康、有機、養生，缺一不可，不是嗎？

❶ 佛法山瑞穗有機生態農場不使用農藥與除草劑，而以人工及機械鋤草取代（王新雨提供）。

① 東部 金針如茵六十石山茶

富里

在多數人的印象中，瑞穗鄉幾乎成了花蓮茶區的代表，其實富里鄉也有優質的茶葉種植。

而更多人提到富里的六十石山，也只會想到黃澄澄的金針花；卻很少人知道，六十石山也有綠浪推湧的茶園，茶園面積約30多公頃，且與金針同為當地兩大經濟作物。只是由於六十石山金針花的名氣太大，反而掩蓋了茶葉的光芒罷了。

說來慚愧，身為土身土長的花蓮人，我卻一直到2004年以後，多次應花蓮數位機會中心之邀，到花蓮為DOC學員教授進階攝影課程，由於以「地方特色產業、農特產品攝影」為主題。因此才有機緣深入花蓮兩大金針產區，並了解當地的茶產業概況。

話說花蓮共有兩個地方擁有滿山遍野的金針花田，其一在玉里鎮的赤柯山，至今仍保留了在古厝屋頂上曬金針的景象，特寫畫面讓人驚豔，只是規模較小。其二為富里鄉的六十石山，規模較大，除了有洋溢歐洲風情的小瑞士，也與當地沃綠

❶ 每年 8 月下旬至 9 月底是六十石山金針花盛開的季節。
❷ 洋溢歐洲風情的六十石山有「小瑞士」之稱。
❸ 六十石山是目前台灣唯一屬於海岸山脈的茶區。

簇簇的茶園相互輝映。由於海拔在800～1200公尺之間，兩者分別以以赤科山高山茶與秀姑巒溪高山茶之名對外行銷，目前則統稱「花蓮高山茶」，種植茶樹以金萱、青心烏龍為多，也有少量翠玉。兩個茶區最特殊的地方，就是兩者是目前台灣唯

一屬於海岸山脈的茶區，不同於其他茶區皆屬於中央山脈。

話說每年8月下旬～9月底，就是金針花盛開的季節，農民往往會留下一整片的金針不採，讓它們開滿橙紅色的花海，果然吸引了大批觀光客上山賞花，儘管「犧牲」了小部分的經濟效益，卻使得當地的民宿、以金針大餐為號召的餐廳，以及所有金針相關的農特產都有了強烈賣點，可說是最漂亮的「行銷」方式了。

因此每次前往六十石山進行實拍課程，學員都迫不及待地大展身手，從山丘最高點的「望月亭」尋找大畫面拍攝位置開始，到半山腰的「小瑞士」聚落拍攝，再往較低的山丘，茶園就錯落在金色花海之中，令人游目騁懷。儘管豔陽高照，氣溫往往高達33度以上，卻常有雲朵跟隨庇蔭，拍照時不必遮陽，頭頂就有天然的遮蔽，彷彿電影「ID4星際終結者」的巨大飛碟般，不過卻充滿了「善意」，而使大夥不致曬昏了頭。

六十石山茶每年自4月～11月中，共採收4次，皆以手採方式產製球型烏龍茶，近年也在夏季生產東台灣最夯的蜜香紅茶。其中富里鄉茶產銷第2班共有11名成員，茶葉種植面積約15公頃，儘管成立時間不長，卻是花蓮縣唯一通過生產履歷驗證的茶產銷班，成員還勇奪2011年花蓮縣春茶競賽「青心烏龍組」的特等獎，令人刮目相看。當地耆老表示：由於金針的收成在夏天，與採茶時間不致衝突，種茶也可作為填補金針的農閒之用。目前茶葉銷售管道除了跟富里鄉農會、花蓮市農會等單位合作外，也透過產銷班建立的「六十石山」品牌自產自銷，並在每年金針花季上場時，直接售予蜂湧而至的遊客。

❶ 橙紅色花海與沃綠簇簇茶園相互輝映的六十石山。

東部　獵場馳騁福鹿茶

鹿野

　　台東縣鹿野鄉舊名「野鹿」，曾經是野鹿成群、水草遍布的原野，作為原住民高砂族、布農族或阿美族馳騁的獵場；也曾經是日本人認定「台灣第一」的最佳居住環境，更是西部民眾心目中的二次移民天堂。儘管鹿群奔馳原野的景象已隨著現代文明的不斷入侵而消失，至今卻仍保有潔淨的青山綠水，富庶遼闊的景致始終令人讚嘆。

　　位於花東縱谷南端的鹿野，境內有卑南溪與支流新武呂溪、鹿野溪潺潺流過，無論氣候、土壤、日照、雨量等條件均十分適合茶樹的生長，因此很早就有客家人從新竹、桃園一帶遷移來此開墾種茶，加上南投民間、二水等地的閩南移民與原住民的共同努力，到1963年即成為東台灣最富饒的觀光休閒茶園，並發展成為花東地區的第一大茶區，行政院農委會茶業改良場台東分場也設於此。

❶ 清新、潔淨、開闊的鹿野曾是日本人認定最佳居住環境。
❷ 鹿野擁有絕佳的茶園灌溉蓄水池。
❸ 陽光璀璨的茶業改良場台東分場茶園。

鹿野茶園總面積約200多公頃，且大多集中於高台一帶，茶樹品種在1983年以前多為紅茶用的阿薩姆種，目前則以青心烏龍、金萱、翠玉，以及大葉種的佛手為主，所產製的茶葉則於1982年，經時任省主席的李登輝前總統命名為「福鹿茶」。目前台東縣包括鹿野鄉、關山鎮、初鹿、卑南、太麻里共500多公頃的茶區，也都以福鹿茶相稱。

　　與天鶴茶相同，福鹿茶一樣有著「早春、晚冬」的兩大特色。由於氣候溫潤、緯度適中，春季萌芽期較其他茶區較早，而冬季採摘期又較晚，因此比其他茶區多採收2次，每年總共可採收6～7次。福鹿茶也因此以全國最早採收的「早春茶」，以及最晚採收的「晚冬茶」聞名於世。由於早春茶在春節前後採收，使得茶葉永遠等不到春天，卻總能為人帶來春天的訊息，因而又有「不知春」的浪漫稱號；還讓詩人音樂家好友范俊逸為此寫了一首膾炙人口的民歌「憨憨不知春」傳唱至今。

　　而每逢採茶季節，眾多原住民男性採茶工穿梭在茶園綠浪之間，辛勤工作的特殊景象，更絕對是其他以女性採茶工為主的茶區所罕見。

　　茶業改良場台東分場的吳聲舜場長表示，鹿野鄉不僅氣候適中、緯度低，海拔高度約在300～400公尺之間，優渥的天然條件孕育優質茶葉生長的天堂。尤其自休閒觀光產業發展後，鄉內大部分的茶品都自產自銷，無須再透過茶商批售至外地，而擁有絕佳的競爭優勢。近年政府大力推動高台為飛行傘活動中心，2011年起更有彩色繽紛的熱氣球邀遊客共同翱

翔天際,盡覽茶園美景,更將為福鹿茶區勾劃出更新的風貌。

　　吳聲舜表示,台灣茶必須要擁有自己的特色,才能在加入WTO後,迎戰來勢洶洶的進口茶,並在全球化的趨勢中屹立國際舞台。因此自他上任以來即不斷開發出當地獨有的新茶品;而推出不久即受到極高評價的紅烏龍就是最顯著的例子。

　　所謂紅烏龍,吳聲舜定義為介於烏龍茶與紅茶之間的茶品,以高達80%的重萎凋、重攪拌結合紅茶製法深度加工而成。有別於傳統清香型包種茶,紅烏龍強調的是茶湯滋味的甘醇與水色,因此成茶需經再焙,可帶有輕焙火熟香,但不能有重熟味(或焦味)。進一步說,紅烏龍發酵度高於膨風茶而接近紅茶,茶湯呈明亮澄清帶有光澤的烏紅色,茶質厚重又具有膨風茶的具熟果香,醇

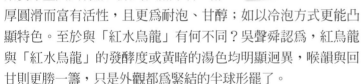

②

厚圓滑而富有活性,且更為耐泡、甘醇;如以冷泡方式更能凸顯特色。至於與「紅水烏龍」有何不同?吳聲舜認為,紅烏龍與「紅水烏龍」的發酵度或黃暗的湯色均明顯迥異,喉韻與回甘則更勝一籌,只是外觀都為緊結的半球形罷了。

　　鹿野鄉值得一提的還有全台各茶區少見的佛手茶,也堪稱是福鹿茶中最具特色的一種,成茶的茶葉外形緊結捲曲、肥壯重實,尤其具有資深茶人最為稱道的「佛手韻」,氣味獨特而入口不澀,在台灣向為「量少價昂」的尊貴茶品。而鹿野茶區於1986年自台北坪林茶區引進後,至今也儼然成為地方特色茶了。 🍃

----

❶ 在鹿野高台熱鬧登場的熱氣球嘉年華(吳聲舜提供)。
❷ 紅烏龍今日已成為鹿野獨有且最具特色的茶品(長弓岩礦壺/92℃沸水沖泡)。

6

台灣喫茶地圖——特色茶館

茶館　台灣茶藝的
興起與傳承

①

打開中國數千年來的品茗歷史，先民從最早把茶當作「生採藥用」或「熟煮當菜」，以晴天曬乾、雨天醃漬等無採製的「吃茶」方式。到唐代中葉的蒸熟、烤乾、緊壓成團的「團餅茶」，使用時搗碎、磨粉、沖水、拌勻後品飲的「烹茶」法，至宋代的「點茶」法。直到明朝廢「團茶」成為唯一的「貢茶」，散茶成為民間的主流；品飲方式也演變為「泡茶」，即置茶入壺、熱水一再沖泡出湯的「瀹茶法」流傳至今。

宋代的點茶法與唐代的烹茶法，最大的不同就是不再將茶末放到鍋裡去煮，而是放在茶盞裡，以開水注入加以擊拂，產生泡沫後再飲用。因此有人說，今天日本茶道中的「抹茶」，就是由宋代傳入並流傳至今的點茶法。但也有學者表示，早在唐朝中葉，浙江餘杭徑山寺盛行圍座品茶研討佛經的「茶宴」，才是今天日本採用蒸碾焙乾研末「抹茶」的濫觴，由當時日本遣唐使之一的佛教高僧榮西禪師，將徑山寺茶宴與抹茶的製法傳回日本，因而啟發了日本特有的「茶道」文化。

明清盛行的炒青條形散茶，不再將茶葉碾成粉末，而直接抓一撮茶葉置入茶壺或茶杯，並以開水沖泡飲用，稱為「撮泡法」，不僅簡單方便，且保留了茶葉的清香味，從此廣為講究品茶情趣的文人雅士喜愛，開創飲茶史上的一大革命。而最典型的撮泡法就是盛行於福建、廣東沿海一帶，並流傳至台灣的「功夫茶」，是烏龍茶特有的泡茶方式；卻也影響並帶動了今日細品熱茶、把壺賞玩的茶藝風潮。

有別於日本的「茶道」、韓國的「茶禮」，台灣獨創的「茶藝」一詞係於1977年間，在茶界與文化人的激盪下所產

---

❶ 台灣茶藝今天已呈現百花齊放的多元繽紛風貌。

生。且不同於中國盛唐時期的茶坊、茶肆，或宋代的茶邸，甚或明清以迄民國的戲茶館、棋茶館等；台灣現行的「茶藝館」重視精神面，則從有形的茶人、茶飲、茶器、茶法、茶儀，至品茗環境與擺飾陳設，到無形的茶香或人文氛圍等共同交織而成，構成茶藝館最迷人的特色。

台灣茶藝館的出現始於1970年代後期，鼎盛於1980年代，可惜在1990年代中期以後逐漸沒落，目前除了喫茶趣、春水堂、翰林茶館、古典玫瑰園等大型企業，以複合式茶館型態，結合時下當紅的泡沫紅茶、珍珠奶茶、精緻餐飲等，推出連鎖店續領風騷外，都會商圈內的傳統茶館如非擁有強烈特色，幾乎毫無生存空間。因此至今仍繼續「存活」的傳統型茶藝館，就顯得格外珍貴了。

其實無論中國北方為品味花香而衍生的「蓋碗」，或江浙一帶為觀賞綠茶葉形而用的茶杯；潮汕地區流行的功夫茶少量多杯，甚至日本茶道的專注與禮儀等，各家精華幾乎都可以在台灣的茶藝館中看到。尤其台灣茶藝自萌芽至興盛的三十多年之間，經由無數茶人、茶會、茶館的不斷鑽研、改進與傳習，早已將中國人文美學、佛教禪宗意境、日本茶道禮儀等全部融入，呈現百花齊放的多元繽紛風貌。

此外，近年隨著兒童茶藝的崛起，兩岸學習

茶藝已有越來越年輕化的趨勢。不少台灣兒童受到父母愛喝茶的影響，紛紛參加兒童茶藝班從「茶的認識」學起，也有愈來愈多的國小成立兒童茶藝隊，許多大學也普遍設有茶藝社，可以說，「向下扎根」將是台灣茶藝遠景指日可待的最大希望。

　　向全球展現台灣活力創意與經濟實力的「2010台北國際花卉博覽會」，除了花卉與現代科技競豔外，也充滿了濃濃茶香：例如美術公園區的「故事館」，不僅是台灣現存古蹟中唯一英國都鐸式建築，也是1914年擔任台北茶商公會會長的大稻埕茶商陳朝駿所建造。

　　而座落新生園區的「花茶殿」，則設於200年歷史的閩南式四合院古蹟「林安泰古厝」，除了東廂房展售各式茶品的「茶棧」，西廂房則為花蓮縣數位機會中心主導、由我策辦的「花開好時節、茶香別苗頭」茶藝活動，讓2010台北花博洋溢甘醇茶香與人文詩情。

❹

　　台灣茶藝的百家爭鳴不僅帶動了中國大陸近年方興未艾的茶藝風潮，也直接或間接影響了香港、日本、韓國等地的飲茶時尚。而陸羽茶藝每年所舉辦的「泡茶師」檢定考試，錄取的傑出泡茶師之中，更不乏日本、馬來西亞、韓國或其他歐美人士。

❶ 台北茶文化博覽會中的韓國茶禮示範。
❷ 兒童茶藝近年已在台灣快速崛起。
❸ 在台北加上三味琴改良而成的日本茶道展演。
❹ 2010 台北國際花卉博覽會在林安泰古厝「花茶殿」充滿濃濃茶香。

茶館 台北茶館文化的先驅

紫藤廬

　　紫藤廬30歲了，作爲台灣茶文化發展最重要的「活古蹟」，2011年爲自己舉辦「繁花再開憶故人」系列展覽與講座活動，見證台北文化人與茶人共同攜手留下的鴻爪雪泥；台北「光點電影院」也特別放映由劉嵩執導的歷史紀錄片共襄盛舉。

　　陽光穿透紫藤的綠蔭滿懷，灑落的光線像透明的魚一樣游入小巧的水池庭園，石桌上沸騰的茶壺正輕輕抖落殘留的水珠，這是不少台北人熟悉的一處風景。從1950年代財政部的日式宿舍，在1970年代中期變成了作家口中「藝術家的人民公社」，更在1980年代初期成爲台北茶館文化的先驅。

　　這就是「紫藤廬」，以庭院裡幾株90歲的老紫藤爲名。它不僅僅是一座茶館，也是全台灣第一處市定古蹟，更是台北市第一處以「人文歷史精神」及「公共空間內涵」爲特色的活古蹟。30年來，不知陪伴過多少文藝青年在此成長，多少新銳藝術家在此發表或舞蹈或劇場或繪畫新作，多少民主人士在此凝聚理念，甚至還有不少老外在

❶ 紫藤廬是許多台北人熟悉的一處風景與記憶。
❷ 紫藤廬 30 年來始終扮演著文化傳承的重要角色。
❸ 30 歲的紫藤廬為自己舉辦「繁花再開憶故人」系列展覽。

此領會茶藝的生命。與其說主人周渝是茶藝館鼻祖，毋寧說他藝術家的浪漫打造了台北茶館的傳奇，要來得更為恰當吧？

4只猶留有沉船鑿痕的天目黑碗，分別置入四枚約莫巴掌長度的大葉種青普，再注入滾沸的開水，在兔毫輕煙升起的淡淡茶香中，周渝用最簡約的方式闡述他對茶藝的看法。他說文人雅士喝茶講究茶具、火候等條件，但茶要先養身才能奢談茶文化，這是基礎。對周渝來說，茶文化可以免談，假若茶會傷身，就根本不能談修養了。

周渝說茶藝離不開儉樸，過於經營茶具並不符合茶性；構成茶藝的機制在於自我反省與創造，反省是一種修養，現代文明則需要快速的創造，創造可以帶來商業，少了這兩樣，文化可能只是一種包裝，內容就會單薄。因此儘管社會不斷變遷，炫麗的聲光正逐漸取代傳統的樸實風貌，但紫藤廬30年來始終如一，沒有太多裝潢，堅持作為「一間會呼吸的房子，在喧囂急促的台北城中緩緩吐納著茶氣」。

周渝說：「在一個茶藝世界中，沒有一樣東西只是工具，它們都具有自身的氣質與美感。茶人與每個存在的物發生對話，同時尋求物與物間，或物與環境間和諧、優美甚至有時令人驚奇的關係」；「置放一個老甕、一些枯枝、一盆花或盆栽、一張桌子、一塊石頭、一幅畫，欣賞光影的變化，氣息的

流動」等，正是紫藤廬屹立台北30年的最佳寫照。

不同於16世紀日本茶道大師千利修提出的「和、敬、清、寂」四字，作爲日本茶禪的精神指導原理。周渝以一個文化工作者在茶藝世界中，眞摯地摸索了15年所昇華的理想，提出了「正、靜、清、圓」四字；他說：「雖是寄隅於一個小世界，相信對大世界會伸延出一種意義深遠的影響。」

周渝說泡茶也可以有標準，其一爲茶具的搭配、適用性與美感。其二在泡茶的技巧、茶湯表現。其三在禮儀風範。其四爲生活藝術的能力，而非完全的專業知識。周渝表示茶藝是讓人人成爲生活的專家，回歸生活的主體，太拘泥於形式反而讓人無法放鬆。由於茶是動的，所以人心要靜、以靜制動、謙靜的態度是最美的。

紫藤廬在1981年正式開店營業，曾帶動台灣茶藝館的風起雲湧，儘管在1990年代末期茶館趨於沒落，周渝卻不以爲意，他認爲茶藝館領導茶的發展只是一種偶然、一種短暫的現象。茶藝館是永恆鄉土的代表，但慢慢會走向個人。茶藝館的衰退是因爲沒有進步，反而讓許多家庭的客廳從視聽走向爲茶間，茶藝從茶館走進家庭，將是茶文化發展必然的趨勢。

1981年就以「自然精神再發現、人文精神再創造」理念，營造台灣第一所具有藝文沙龍色彩的人文茶館，30年來始終扮演著文化傳承的重要角色。不僅成就多位本土畫家，更以茶爲媒介，與音樂、舞蹈、傳統曲藝等互動，深拓了台灣茶藝的多元樣貌，提供了茶文化可以呼吸、可以充滿生命律動的空間，也是藝文活動始終未曾停歇的繽紛殿堂吧？

❶ 30 年來紫藤廬以茶爲媒介，深拓了台灣茶藝的多元樣貌。
❷ 紫藤廬 30 年來成就了許多今天在兩岸發光發熱的本土畫家。

1

茶藝培育的搖籃

陸羽茶藝中心

　　由天仁集團斥資主導、曾任中國功夫茶館經理的茶藝界大老蔡榮章一手打造，台北市衡陽路的「陸羽茶藝中心」成立於1980年，命名則來自著有《茶經》一書傳誦千古的唐朝茶聖陸羽，堪稱是台北茶藝館的鼻祖了。三十多年來儘管歷經台灣茶藝的興衰起伏與大起大落，卻能不斷自我調整經營的型態與腳步而歷久彌新，始終維持老大的地位而不墜。尤其自1983年開始，每年定期舉辦一至二次的泡茶師檢定考試，並在1998年起舉辦「茶藝展」、創立中華國際無我茶會等，造就茶界菁英無數。

　　走進位於天仁茗茶三樓的陸羽茶藝，不同於一般茶藝館常見、以裝潢或擺飾所刻意營造的傳統氛圍；簡潔明亮的空間搭配素雅的桌椅，再點綴相關茶書，令人感受真正以品茶為主體的清新天地。儘管茶館今天已不對外營業，依然積極培育專業茶藝人才，舉辦各式茶藝講座，例如2011年春天由泡茶師聯會主辦的「鏡花水月」茶會，石美足會長就情商空間設計名家沈堯宜，以數千個紙杯布置一個時尚又環保、且現代感十足的品茶空間，令人驚豔。

　　目前陸羽茶藝除了提供泡茶師多元自在的品茗空間，多年來也致力於茶器的研發，不斷開發出更精緻實用的茶器，使得茶藝美學更加多元。同時也繼續培育專業茶藝人才，包括舉辦茶藝師資班以及各式茶藝講座等，對台灣茶藝文化的推廣功不可沒。

❷

❶ 陸羽茶藝中心以綠竹營造的氛圍
❷ 由空間設計名家沈堯宜在陸羽設計的鏡花水月茶會。

①

茶館 **老茶行新茶館**

有記清源堂

　　屹立在大稻埕茶街已有70年歷史的「有記名茶」，古樸的紅磚房映入眼簾，如瀑布般垂簾而掛的錦屏藤在大門生氣盎然地迎賓，陣陣撲鼻茶香日夜吸引過往的行人，在櫛比鱗次的高樓巨廈之間顯得更加出色。

　　來自福建安溪的產茶世家，歷代以種茶為業。清朝光緒年間，現在負責人王連源的祖父到南洋打拚，先在泰國成立王有記茶行，隨後其父親王澄清在日據時期也抵達台灣創立王有記茶行，茶葉精製廠就是當時所設立。

　　儘管於1975年起陸續在台北市各商圈開立門市，但重慶北路老店依然堅守崗位，並完整存有源自武夷山、建構於日據時期的焙籠與41個炭焙坑所構成的焙茶間，以及古老但仍虎虎生風服役中的木製風選機，除了以特殊火候的炭焙烏龍茶鑑賞於行家，也成為保留台灣傳統茶文化最重要的據點。

　　陪伴台北人走過70年的有記茶行，幾年前進行了大幅翻修，將製茶的古老工廠改裝為小型茶博物館，並將曾是揀茶場的二樓，變成為寬敞的藝文品茗空間，每週末並有悠揚的南管演奏，讓樂聲與茶香更豐富台北的人文思維。

　　以父親王澄清與自己的名字結合，茶館取名為「清源堂」，融合了藝術、文化跟美學，經常性舉辦藝文表演或專題講座與茶藝相關教學等。

❶ 有記曾是揀茶場的二樓，今天已成為藝文品茗的茶館清源堂。
❷ 有記至今仍保留了古老但仍虎虎生風服役中的木製風選機。
❸ 屹立在大稻埕茶街已有70年歷史的有記名茶，大門垂簾的錦屏藤是最大特徵。

茶館 新茶道美學精品

淡然有味

　　步出捷運西門站，走進成都路霓虹閃爍的商業大樓；走出電梯，門是鎖上的，按了門鈴說明來意，這才看到笑臉迎接的主人藍官金玉。

　　在茶藝文化已逐漸走入家庭的今天，經營一座茶藝館並不容易。台北市西門鬧區的「淡然有味」卻大膽斥資千萬，以「文化會館」定位，並採會員制方式營運，一般人無法隨意進入，逆向操作的經營方式，讓人忍不住為她們的創意捏了把冷汗。

　　4年過去了，由藍官金玉與官金枝姊妹倆聯手打造的精緻空間，在兩岸三地闖出了響亮名號，成為許多追求極致品味的茶人、文化人或企業新貴最推崇的品茶空間。藍官金玉說，採會員制與推廣茶藝文化的理念似乎相矛盾，但為了讓品茗擁有幽靜的環境，作為品茶領域的產品區隔，反而能吸引真正有心進入茶藝世界的朋友。

　　藍官金玉表示，希望藉由活潑、創意的推廣活動，加上優雅的茶席擺設，改變現代人對泡茶的看法，「新茶道美學」的名詞也悄然而生。但在我看來，主人是以打造「美學精品」的企圖心，顛覆以往對茶藝館的刻板印象：從進入大門後寬闊的視野、流暢的格局動線，以及頂尖建材、燈飾等

❷

❶ 淡然有味幽雅的人文意境。
❷ 淡然有味寬闊的視野與流暢的格局動線。

交織構成的空間；非常西方的桌椅擺飾巧妙地融入東方美學元素之內，充滿貴氣、時尚卻又不失幽雅的人文意境，不難發現主人的用心。藍官說希望將最頂尖的茶，藉由茶道普及化，並告別老人茶時代，用時尚美學重新定義品茗文化，也能將早已走進家庭的茶藝重新喚回。

其實藍官金玉原本經營火鍋生意長達30年，半退休後卻開起茶文化會館，讓友人都紛紛跌破眼鏡，長久以來對細微環節都要求最好的個性，也讓「淡然有味」真正「非常有味」，例如茶席擺設，從挑選茶巾、茶杯間擺設到花卉搭配都極為講究。而為了深耕客群，也會不定期在會館內舉辦展覽，讓客戶在品茶的同時，也能享有美學文化的薰陶。

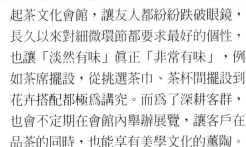

為了真正走進茶，並整合上中下游產業鏈，姊妹倆也經常挽起袖子、走進茶山，向茶農或茶廠虛心學習，從採菁、萎凋、殺青、揉捻、團揉到乾燥、烘焙等，製茶過程全程參與。

因此今天「淡然有味」不僅提供會員在人車熙來攘往的西門鬧區，有個自在寧靜、全然不受干擾的品茶空間，也開始招收小學生教導茶藝，並對外包辦茶會。目前也已將「淡然有味」當作茶道精品經營，以「細、靜、慢、活」的品牌形象，販

售茶葉禮盒、茶席巾等茶道相關商品。

　　官金枝說姊妹倆都喜歡茶，喜歡書法，喜歡美好的人情，喜歡台北「這麼舊」也「這麼新」的衝突與和解，她說「淡然有味」就是「要從淡中品嚐極味，從平凡中體驗不平凡」，在慢慢煮水、細細飲茶的剎那間，專注於茶湯的顏色、香氣、滋味。

❸

❶ 淡然有味徹底顛覆一般人過去對茶藝館的刻板印象。
❷ 標榜新茶道美學，對每一個細節都悉心規劃。
❸ 淡然有味對各個茶席的擺設都極為講究。

茶館 高密度烘焙的魅力

茗心坊

在客家庄，常見擺放路旁的鋁製大茶壺或茶桶，醒目的紅紙上書寫「奉茶」兩個大字，充滿濃濃的人情味，待紅濃溫馨的茶湯下肚，不僅拂去旅人趕路的疲憊，也顯現客家人熱情好客的情操。

人聲沸騰的台北市大安捷運站對面，循著「奉茶」的大茶桶進入「茗心坊」一探究竟，主人林貴松果然是來自美濃的客家人。

分別以陶甕、金屬或錫箔紙包、甚至1950年販售糖果的大玻璃罐裝的眾多茶葉，層層疊疊擁擠在狹長的空間；大大小小的茗壺與普洱圓茶也不甘示弱在玻璃櫃內拚場，朱泥輝映著昏黃的鹵素燈光。茶香飄搖的層櫃右側，擺滿了眾多國外媒體的推薦報導，居然都以漢字「茶葉診所」作為醒目標題，引人好奇。

1990年開始學茶，在台北市四維路開設茶藝館時就從香港引進宜興壺，同時也斷斷續續自香港茶樓購入普洱茶收藏，林貴松說當時古董級老茶只能以「價廉物美」來形容。以目前喊價至60萬台幣的單餅紅印為例，當時也不過台幣2000元而已。

1990年林貴松賣掉一棟房子開設「茗心坊」逐漸闖出名號，儘管在營運初期，岳母以獨門秘方做出「茶理雞」與豬腳麵線，吸引各方老饕不遠千里而來，讓店內每天熱鬧滾滾，眾多藝人或政治人物都曾是座上客。但唯恐愛妻過於勞累，一年前忍痛捨棄每天熱賣的茶餐食，重新改裝為茶行與茶館的專門型態，反而吸引更多愛茶人或企業在此聚會品茗，許多茶藝相關活動也爭相指名在此舉辦。

❶ 茗心坊空間不算太大，名氣卻跨越國境。

　　儘管數台大型烘焙機具在不太寬敞的茶肆後方顯得突兀，主人林貴松對自己獲得「茶葉診所」的封號依然十分自得。除了吸引北美洲、東北亞各國的茶人或媒體前來，就連日本「朝日電視台」也不遠千里而來探訪，使得他的名氣跨越國境。而2006年北市府在小巨蛋舉辦的「茶文化博覽會」，主辦單位也特別提供唯一無須場租的「茶葉診所」，讓他爲愛茶民眾做疑難雜症解惑，可見他對選茶、藏茶、治茶的非凡功力。

　　自信可以診斷茶葉的好壞，並藉由高密度烘焙方式改變茶葉品質的林貴松，認爲好的茶葉應具備：一、乾淨度：茶葉沖泡時泡沫少，茶湯清澈油亮。因此堅持不摻茶、不和堆、不加味。二、香氣度：經特殊精焙的茶葉，香氣清涼開闊；假如悶沉、不開或有刺鼻等雜味，就是變味的茶葉了。三、口感度：入口時口感細膩綿滑且柔順，入口後喉嚨不緊躁、不鎖喉。四、保存度：以烘焙做特殊內斂處理，可使茶葉保存更久；未開封的「清香茶」一般在兩年以上，「老茶」則在五年以上。

　　林貴松說烘焙是依茶葉特性施以不同溫度與時間，舒展並膨脹內分子組織結構，達到殺菌與除卻生、菁、腥味，排出多餘水分與雜氣，並將苦澀轉化成甘醇、溫和、滑順，飲之不苦不澀；使茶葉品質與風味達到最佳的穩定度。

瓢寬入杯一吋高
湄源水流銅鍋唇
湯色低濃代窗岑
出水糊盧盛茶珠
形似晨露亦明旨
或奔或臨或墜田
茗心坊人林資松
己丑年春

茗心坊

❷

❶ 國內許多茶藝相關活動都爭相指名在茗心坊舉辦。
❷ 茗心坊以高密度烘焙法獲得茶人與媒體高度肯定。

茶館 從纜車出發

貓空茶情

　　從纜車外飄進來的暑意正包圍整個廂內，紅日逐漸西斜，彩霞籠罩群山，所有嘈雜的聲音都被春天黃昏的天空給吸了去，音浪逐漸模糊。我俯視溶在夕陽餘暉裡的一幢幢大樓公寓，蜿蜒曲折的山路透過光潔的水晶車底在眼下看似漸漸挨近，頃刻間又消失了，取而代之的是蒼鬱的樹叢與翠綠的竹林。暮色漸漸低垂，在四周燈火環抱中，101大樓在遠方閃爍著耀眼的光芒。再往上升，錯落有致的茶館綻放忽明忽滅的燈火，原本沙沙推湧的茶園瞬間染成黝黑。

　　步出貓空纜車站，迎面而來的是

❶ 搭乘纜車前往貓空品茶已成為都會人的最愛。
❷ 貓空纜車從動物園站到貓空站。
❸ 黃昏絢爛的彩霞籠罩的貓空茶館。

矗立在三叉路口琳瑯滿目的茶館指示標牌，無論往那個方向都可以嗅到熱呼呼的茶香：上暘、滿庭香、緣續緣、松清園、邀月、貓空開、煎茶院、山水居、空寂雲門、張寅茶園、六季春、晨曦、大茶壺……，一長串的名字讓人驚嘆，台北果然有眾多的喝茶人口。

其中張寅茶園就是李登輝前總統最常前往品茗的茶館，從市長時代、省府主席到總統，總是身體力行地經常相約好友或國外元首前往泡茶，果然帶動整個貓空茶館的發展。各國政要包括日本前首相福田糾夫、馬拉威總統等，都曾是張寅茶園的座上賓，對貓空迷人的景致讚不絕口。

地處群山層層環抱的山腰壑谷之間，以正欉鐵觀音聞名的木柵貓空，曾是台北人假日或夜晚品茗與大啖山產的最愛，也是從高處觀看輝燦台北夜景的極佳位置。儘管數年前曾因某段山路的崩塌而一度沒落，昔日山路旁停滿轎車的盛景不再，今天則因纜車的開通再度吸引大批遊客，繼續妝

點貓空美麗的夜空。

　　貓空的奇怪名稱，有人說是先民開拓此處之初，因見河床坑溝滿布皺摺且多穴，而以地形命名「皺穴」，由於閩南語發音與貓空二字諧音極爲相似，日治時代新編地籍地目時即簡化爲「貓空」沿用至今，基本上可說是陰錯陽差的語譯巧合。也有當地耆老告知，早先順勢流下的淙淙山泉本有豐沛水量，也一直是當地居民賴以種茶的灌漑用水，不過由於河川長期沖刷淤積，導致河床逐漸窄小，至今僅存涓涓細流繼續吟唱悠悠歲月。而河水長年累月的沖激侵蝕，也造成山腳的岩石處處坑坑洞洞，彷彿臉上的青春痘般留下凹凹凸凸的疤痕，因此被當地居民稱爲「喵康」，未料竟以訛傳訛成就貓空的趣味地名。

❶ 貓空四通八達的產業道路隨處可見琳瑯滿目的指示標牌。
❷ 露天茶座「貓空閒」吸引許多上班族在此品茶。
❸ 從張寅茶園隔著色彩斑燦的廟宇剪簾望向風起雲湧的 101 大樓。
❹ 在貓空喝茶可以盡覽台北的輝燦夜景。

茶館　阿里山紫色驚豔

紫金園

　　到阿里山看日出，始終深受兩岸三地朋友們的喜愛，不過來自阿里山的「紫金園」主人顏珮衿卻有更深層的解讀。她說日出是阿里山奇景之一，因為「與其他地方的日出絕對不同」：當地鄒族原住民形容它的出現像穿著彩衣的新娘，以跳躍方式從彩雲中出現，放射出金橘色的光芒，四季皆呈現不同的景象，而最美的紫霞金光最難得一見。

　　靜靜佇立於台北市和平東路一段上，紫金園典雅的人文氛圍看似茶行卻更像茶館，不僅偌大的紫色招牌加持了阿里山的日照，顏珮衿說自家茶園每天也都受到那一片金色陽光的照護，因此「紫金園」不僅作為公司名，也是茶園的名字，希望每位愛茶人都能感受到那一份溫暖與呵護。

　　顏珮衿說祖先在阿里山已默默耕種了260餘年，1982年阿里山公路通車後，平地作物逐漸移往山區，家族也開始栽植高山茶，並於1986年創立紫金園製茶廠，也開放為當地茶農代工，成為當地的茶葉生產重心。因此進入紫金園品茗，喝到的都是自家所自種自產的阿里山茶品，無論烏龍或金萱，甚或近年以中小葉種製作的紅茶，每一款都是來自自然工法栽種、絕無農藥殘留的好茶，都能感受顏家的用心。

　　顏珮衿說「來喫茶」是台灣人常用來關心彼此的一句話，對於初認識的朋友簡單的一句話，很快就會拉近雙方的距離，也是老朋友之間維繫彼此關係的一種方式。因此紫金園提供的不僅是一個自在的賞茶空間，更希望在人文薈萃的師大文教區，為茶葉飄香增添一份詩情，人情也更暖。

❶ 佇立在師大文教區的紫金園看似茶行卻更像茶館。
❷ 紫金園典雅的人文氛圍有來自阿里山陽光的加持。

茶館 流金歲月茶飄香

九份山城的茶館

攤開21世紀的台北喫茶地圖，九份無疑是茶館聚集最多、人氣也最旺的地方了。

而台北茶館最爲密集的地區，也從早期的公館、永康街一帶，在2000年後逐漸移至木柵貓空，今日則在九份大放異彩。不同的是，貓空是台北著名的鐵觀音茶鄉，九份雖不產茶，所屬瑞芳鎮的「傑魚坑」卻是台灣最早引進茶樹之地，見諸連橫著《台灣通史》：「嘉慶時有柯朝者，歸自福建，始以武夷之茶，植於鰈魚坑」，堪稱台灣茶文化史上最具「原鄉」意義的地區了。

九份本爲19世紀末以產金著名的山城，以基隆山爲背景，密集的屋宇層層疊疊占領了大半山腰，夜夜笙歌不絕。儘管1960年後因礦源枯絕而沒落，1990年卻因電影「悲情城市」爆紅而谷底翻身。隨著觀光客大量湧入而興盛的茶館，則是人潮洶湧的喧鬧老街上，最重要的人文精神象徵吧？

從362層石階砌成的豎崎路一路望去，先後貫穿山腰橫向的汽車路、輕便路與最上層驀地豁亮起來的基山街，懷舊氣息濃厚的茶肆與商店在眼前彷彿疊羅漢般，密集兩側向上不斷延伸。沿著石階逐一往下，九份茶坊、山城創作坊、天空之

❶ 彷彿民初電影場景般的九份茶館，充滿古早台灣味。
❷ 攤開 21 世紀的台北喫茶地圖，九份堪稱是茶館聚集最多、人氣也最旺的山城。
❸ 基隆山是一座錐狀的死火山，也是九份最醒目的地標。

城、阿妹茶館、悲情城市、九戶茶館、芋仔蕃薯、戲夢人生、海悅樓、古窗等，近三十家各具特色的品茶空間逐一登場，交織成九份流金歲月牽牽繫繫的魂縈舊夢，令人驚豔。

其中由畫家洪志勝開設的「九份茶坊」成立最早、也最具人文氣息，茶肆內彷彿民初電影或連續劇刻意搭蓋的場景，紅通通的炭火爐在眼前展開，溫著一壺壺滾滾的茶水，陣陣炭香與茶香瀰漫。壺嘴冒出的蒸汽與盞盞晶亮的燈泡更將挑高的室內點綴得玲瓏繽紛，復古的情境彷彿又回到了「悲情城市」的電影時空。放眼四周，隨處可見的老鐘、梳妝鏡、畫屏風、銅洗，以及屋頂上懸滿的各式謝籃等；而1930年的青瓷彩繪馬桶竟也大剌剌地橫臥木垣之上，吸引好奇的Y世代男女紛紛合影，令人莞爾。洪志勝回憶說，當時是從斷垣殘壁中，一磚一瓦、一草一木地修補建設起來，並盡量保留舊貌。

到九份茶坊可以和主人談茶、談陶，也可以拾級而下到「九份藝術館」看畫。由於前往九份的遊客，大多會被當地滄桑的藝術風情所吸引，因此洪志勝特別結合

了一群藝術家，輪流在館內展出畫作。

以宮崎駿的動畫為名，盤踞在輕便路上的「天空之城」，則是洪志勝以清水紅磚一手搭建的1930年紅樓建築。由於樓身於山涯邊，坐在迴廊下就可以眺望基隆嶼海景。而「陶工坊」則是陶藝家弟弟洪志雄的工作室，包含拉胚、燒窯、作品展示的整個開放空間，瀰漫著濃濃的泥土香，也是愛茶人賞壺、挑壺的好去處。

九份茶坊也為洪志勝「賺」得了日籍的美麗妻子。他說數年前，原本從日本千里迢迢赴台北自助旅行的單身女子，踏入茶坊後的驚豔讓她竟日流連不忍離去，而意外地與洪志勝譜出愛情的火花，今天也成了九份茶坊的企業識別標誌。細心的朋友應當不難發現，店內無論茶罐、茶葉包裝或紙袋，上面栩栩如生以鉛筆素描繪出的溫柔女性正是茶坊的女主人。

座落基山街193號、香火鼎盛岩壁小廟旁的「山城創作坊」，顧名思義除了眺景賞茶外，更少不了琳瑯滿目的作品。大多為主人胡宗顯與來自福州的美麗妻子青榕的陶藝創作，尤以一大堆栩栩如生的貓兒們最為傳神，也最受朋友們喜愛，據說靈感皆來自所收養的流浪貓小黃，目前已

❹

----

❶ 透過窗戶看海是在九份山城工作坊泡茶的最大樂趣。
❷ 標榜「小上海」茶飯館的悲情城市茶館勾起起多朋友的回憶。
❸ 盤踞在輕便路上的天空之城是以清水紅磚搭建的 1930 年代紅樓建築。
❹ 藍天白雲投影在海邊的茶桌上，是九份山城創作坊最迷人的地方。

被寵成肥嘟嘟、圓滾滾的大懶貓了。

在所有的九份茶館中，位居最高處的山城創作坊，從二、三樓的窗口可以清晰瞧見包括基隆嶼、基隆港在內的整個山海景致，視野開闊而繽紛，讓人坐下去很難不流連忘返。

其實不僅山城創作坊有活潑可愛的招財貓，九份的茶館多，貓咪尤其更多，包括活生生的家貓、店貓、野貓，以及無數守候著家門，或作為路標、或天天望海把自己當作燈塔、指引捕小卷漁船方向的陶貓在內。

走訪九份山城的茶館，從最熱鬧的基山街進入，或沿著階梯漫步豎崎路，或臨海走在小轎車勉強可以通過的輕便路上，隨處可見貓咪的蹤跡。牠們或穿梭在屋簷、雨遮、窗台，或窄小的巷弄內，或大棘棘地遊走各店，或忠實地守候店家成了名符其實的招財貓。基山街人潮熙來攘往的不見天街上，阿原肥皂的虎斑店貓每天盡責地為主人招來無數的顧客上門。而九份茶坊的日籍女主人為自家茶坊，包括天空之城創作了一堆陶貓，深受觀光客的喜愛。

隱居九份的藝術家李鴻祥用壓克力顏料細膩地在石頭上繪畫貓咪，早已揚名海內外，為自己的「亨利屋」創造無限商機，在九份成了許多遊客購買紀念品的最愛。

　　由阿妹許乃予開設的「阿妹茶樓」，由於建築外觀酷似宮崎駿動畫電影「神隱少女」中的「湯婆婆屋敷」，而聲名遠播至日本、韓國、港澳等地，不僅引發東瀛觀光客爭相前來朝聖，還一度盛傳茶館就是動畫大師宮崎駿繪製場景的靈感來

❸

❶ 阿妹茶樓外牆偌大的面具與串串燈籠，與電影神隱少女中的湯婆婆屋敷相似度超高。
❷ 在九份泡茶可以居高臨下眺望基隆港與周邊大小島嶼。
❸ 天空之城彷彿燈塔般照亮海上的陶貓。

源，至今仍然話題不斷，人氣更是夯到沸點。

從「阿妹茶樓」外觀開滿窗戶的日式層層密密黑木板，以及外牆偌大的面具與串串燈籠來看，不跟湯婆婆屋敷劃上等號恐怕也很難吧？在頂樓露天茶座邊泡茶邊欣賞九份特有的山海景致，也真的教人忍不住大呼過癮。

從豎崎路下方回看整個茶館老街，最佳視角則絕對非「九戶茶館」莫屬，尤其登上頂樓露天茶座，視野更是開闊到只能用「海天一色」來形容；主人蔡添光也在一樓展示來自台灣或中國大陸各地的茶品，包括一筒筒的普洱茶在內。

坐在茶館一隅細細品味悲情城市的有情天地，沒落數十載的小小山城、峰巒交錯。舊時繁華的老街、古拙的細小街巷與掏金留下的滄桑相互糾纏交織著，充滿詩情與浪漫的九份，彷彿也正式告別悲情，以栩栩然纖秀迎向歡喜，正如香味四溢的九份芋圓，在陽光下滾滾扭動著誘人的晶瑩。

❶ 傳說為宮崎駿電影神隱少女靈感來源的阿妹茶樓。

茶館 俯瞰台北滾滾紅塵

山頂名盧

1

簡單的木屋內沒有太多的裝潢，且無大眾運輸工具可達，卻總是吸引了眾多的遊客與愛茶人前往。座落新店花園新城後山之巔的「山頂名蘆」，除了品味主人高泉坤親手烘焙的茶品，還有春天開得璀璨的櫻花、五月滿山遍野的油桐花、深秋紅得過火的楓葉；而最大賣點則來自網友們普遍讚嘆為「台北最佳觀賞夜景地」的露天茶座。

來自北台灣最早的種茶世家，與知名演員澎恰恰一樣曾經當過郵差的高泉坤，經常會不厭其煩地攤開日據時代繪製的「文山區產業地圖」，娓娓訴說北台灣的茶業史：清朝時淡水河航運發達，商船可以從淡水港經新店溪直達新店的屈尺。而從日據時代至1960年代，小粗坑一帶就是北台灣重要的產茶製茶重鎮，除了祖父輩「唐山過台灣」後就投入茶葉種植，他的父親高水池所產製的文山包種茶，過去更曾屢獲大獎，並曾問鼎1935年（日

❶ 山頂名蘆的茶香與大台北璀璨夜景共舞，天氣佳時尚可直眺淡水與觀音山。
❷ 山頂名蘆主人高泉坤以親手烘焙的茶品分享。
❸ 日據時代總督府發給高家參加台灣博覽會的榮譽狀。

本昭和10年）的台灣博覽會。今日花園新城入口處旁的高家祖厝，當時更是台北數一數二的茶廠，可惜二十多年前因兄弟分家而拆除，若非怪手下搶救出來的發黃照片見證，實在很難想像當時完整四合院茶香飄搖的盛況。

高泉坤說當時基隆河以北所產製的茶葉通稱「北茶」，以南則稱為「南茶」。他取出日據總督中川健茂所頒發的獎狀回憶說，過去新店包括屈尺、小粗坑、廣興等地均闢有大片茶園，鄰近的龜山且建有大規模製茶廠，對台灣茶的產銷影響甚大。可惜太平洋戰爭爆發後，茶園大多荒廢而改種番薯，茶廠的大型乾燥機也移作烘烤蕃薯簽之用。因此當時有句閩南語俗諺說「茶金茶土」，意即外銷供不應求時茶葉貴比黃金，但棄之則如糞土，令人不勝唏噓。

國府遷台後，當時的台灣省農林處為振興茶業，經由台北縣政府委託縣農會以壓條等方式廣植茶樹，嘹亮的採茶歌再度響徹新店雲霄，小粗坑茶區因而再領風騷。據說中部南投、北部新竹，以及東部宜蘭等地茶種當時均引自小粗坑，名氣之大可以想見。文獻記載說1958～1963年間，由省府撥款補助、台北縣政府委由茶農高水池、高水進等人負責，共壓條茶苗兩千萬株，提供各縣市廣植茶園；高水池即高泉坤的父親，讓他倍感榮焉。

可惜今日小粗坑茶園大多已消失殆盡，僅存的茶農戶加起來尚不及1公頃；高家茶園當然也不復存，子弟中僅高泉坤繼續留守家園開設茶館。若想尋找昔日茶園的記憶，除了赴山頂名蘆品茗，感受小粗坑過去的輝煌，並俯瞰大台北璀璨的夜景

外，附近「文山農場」的一片濃綠也會令許多茶人眼睛一亮。

　　此外，每年陽明山花季尚未登場，山頂名盧周邊的櫻花總是搶先盛開，約莫從1月中旬起。開車從新烏路直上花園新城，列隊簇擁的一排排富士櫻，就分別自兩側恭謹地彎起亮麗動人的粉紅隧道，為春天揭開最璀璨動人的序幕，並在驅車直上「山頂名盧」後閃亮聚集。偶有清風微拂，粉紅色的花瓣便如雪花般紛紛飄落，也將原有的嘈雜瞬間溶解到燦爛的藍天花海之中。而透過繁花似錦的枝椏隙縫，作為背景的樹林嫩葉覆蓋的山丘上，一簇簇粉紅駁綠的櫻花叢更將絨絨草坪妝點得熱鬧繽紛，令人感到春意盎然。

　　山頂名盧盛開的櫻花主要有富士櫻與八重櫻兩種，前者粉紅而奔放，後者帶點桃紅的豔麗更令人沉醉。不過我曾數度走

❶ 每年春天山頂名盧周邊的櫻花總是猛豔地搶先盛開。

訪日本許多著名的賞櫻勝地，無論文學大師川端康成筆下京都「平安神宮」的紅垂櫻，或富士山下的「乙女櫻」，多半體態嬌弱而楚楚含羞；相較之下，山頂名蘆的櫻花就顯得豐滿而大膽奔放，令人感受新店的熱情。

　　趕緊抓取相機猛按快門，整個畫面都跟著火紅的櫻花燃燒了起來；離去時鞋尖還逗留著一片桃紅的櫻花瓣，映著藍得那樣深邃的天空。

　　在山頂名蘆俯瞰大台北，天氣好時還能直眺觀音山與淡水。從向晚時分開始，霧靄環抱的櫛比鱗次高樓大廈若隱若現，待夜幕低垂，璀璨的台北夜景更教人陶醉。

　　五月底驅車上山，蜿蜒的山路上盡是桐花飛舞飄落，五月雪的繽紛尚不及在相機LED螢幕上停歇，陣陣茶香又從木屋頻頻放送。號稱「烘焙達人」的高泉坤，除了山頂上還留有一小撮茶園供朋友們DIY體驗製茶外，來自文山地區的包種茶、白毫烏龍以及鐵觀音、普洱等茶品，總是在一座座大型烘焙機內轉化為香氣四溢且健康無毒的茶品。木屋內隨處可見的大型陶甕珍藏的老茶，他也不吝於與慕名而來的愛茶人盡情分享。

　　看完台北滾滾紅塵的璀璨夜景，品完一盅又一盅的好茶後，飢腸轆轆的遊客可以來頓有機大餐：在山頂名蘆絕無點菜的煩惱，因為主人只問來客吃不吃牛肉、吃不吃辣等基本問題，豐盛菜餚就會源源不斷端上桌，視人數多寡上菜，絕不浪費且賓主盡歡，招牌菜白斬土雞、茶油雞、蒸魚、鳳梨苦瓜湯，以及炸得香酥酥的番薯芋圓等，都讓人食指大動，忍不住又啖了一碗茶油麵線。

❶❷ 從日落時分到華燈初上，在山頂名蘆俯瞰台北的紅塵滾滾，景致最是迷人。

茶館 繁花似錦原木情

月桂冠

　　月桂冠，乍聽之下以為是日本清酒品牌，卻是一座位於苗栗縣獅潭鄉台3線上，看似茶館又像餐廳的花園民宿。主人范文馨說他的靈感來自花園內三千多株的月桂樹。

　　其實很早就有友人不斷邀約，說獅潭有座完全以原木打造，由名廚盧澄泉親自料理的法國式花園茶餐廳，要我務必親自走一趟。我卻因為忙著繪畫與寫作新書而遲遲未能成行。

　　後來為了客家酸柑茶的詳盡報導，我對友人所餽贈的「檬柑茶」感到好奇，同樣是虎頭柑製作的酸柑茶，為何會有法國花茶般的漂亮罐裝，存放了30年且有特別迷人的風味？就這樣依著包裝上的電話打過去，主人范文馨詳細告知了檬柑茶命名的由來，以及對祖父當年辛勤製茶的感念，讓我在《客鄉找茶》書中有了如下的敘述：

　　苗栗縣獅潭鄉的「月桂冠」農莊，則將酸柑茶取名為「檬柑茶」，敲碎後置入鐵罐中販售，包裝充滿了濃濃法國花茶的風格。主人范文馨表示，酸柑茶是爺爺范發松早年所留下，貯藏至今已有31年，稱得上是爺爺級的老茶了。他說完整的酸柑茶早在十多年前即已敲碎後存放，由於月桂冠的經營以法國餐廳為主，因此大多以茶品入菜，名為「檬柑」，其實是為了與Lemon Tea英文一致，並非以檸檬壓製。由於茶品係先祖所遺留，第二、三代都無暇再接棒傳承

❶ 植滿奇花異草的月桂冠，花園內還有三千多株的月桂樹。
❷ 月桂冠的檬柑茶其實就是 30 年的老酸柑茶（安達窯彷汝蓋碗 /90℃水溫沖泡）。

製作，因此數量著實有限，平日並不太捨得販售，僅提供來店用餐的顧客購買。

　　無論茶屋、餐廳、民宿等都全然以原木打造的月桂冠，都出自人稱「木屋達人」范爸爸華達的手筆，座落在頭份往三灣、獅頭山、大湖等地的台3線上，醒目亮麗的外觀讓路過的車輛很難不放慢車速甚至停下欣賞。

　　名氣頗為響亮的月桂冠，也是演藝界或政界名人經常前往品茗或享用美食之地，有次前往拍照就巧遇了「阿鴻上菜」的美食家兼名主持人，阿亮以前曾多次應邀上他在飛碟電台主持的節目談茶，老友相見相談更歡，除了檬柑茶，也品嚐了獅潭當地的仙山茶，在全然以原木

打造的寬敞空間，在窗外滿園奇花異草促擁之下，品茗只能用
「愜意」兩字來形容。

　　除了名廚的頂級法式料理，花園內還有一座磚窯，專門
用來燉煮豬腳等美食，陣陣香味伴著花香，加上池中悠游的魚
兒，置身其中讓人很容易忘掉一切惱人諸事，而慵懶地賴著不
走。

❶ 在月桂冠品茶經常會巧遇名人，如「阿鴻上菜」的名主持人與美食家阿鴻。
❷ 在原木打造的茶屋內品茗，顯得自在又愜意。
❸ 品茗、觀魚、享受法國美食，月桂冠絕對令人難忘。

茶館 老茶館新創意版圖

福星

在車水馬龍的台南永康鬧區，陣陣茶香飄送的「福星」很難不引起注意。很難想像這裡早在1960年代就聚滿了愛喝茶的民眾，每人人手一支「沖仔罐」，即當時兩岸還相互對峙的年代，透過漁船一箱箱進來的宜興壺或潮汕壺，興高采烈地邊喝茶邊看牆上電視播放的日本摔角錄影帶。

以第一代主人鄭福星為名，第二代掌門鄭正郁說，他的外公黃清良其實更早於日據時期的1919年就創立了「福沏號」老茶舖，以行醫及收藏老茶為業，並以「阿公藏茶，子孫賣」的遺訓，深深影響了今天兒女們收茶藏茶的習

❷

❶ 福星台南總部不僅提供品茗空間，也是地方農藥殘留的快速檢驗站。
❷ 福星創意十足的包裝不斷勇奪兩岸三地的設計金獎。
❸ 今天福星已從沖仔罐的老茶館蛻變為現代感十足的品茶空間。

慣，在台灣陳年老茶風味與養生價值逐漸受到肯定，且價格節節飆漲的今天，黃老先生早年的高瞻遠矚委實令人感佩。

鄭正郁回憶說，傳承至他的父親鄭福星，於1976年正式創立「福星茶業」，精專於產、製、銷每個製茶環節，製出每一泡真心好茶，分享給所有的愛茶人。不過在2002年學商業設計的鄭正郁接班後，面臨新世紀消費市場的改變，決心將「福星茶業」品牌化，將傳統飲茶文化蛻變為時尚人文的風格呈現，因此除了建立完整的企業識別系統，將品牌健康化、形象視覺化；也積極設計深具創意的「潮」包裝，果然立即將福星與時尚劃上等號，產品包裝不斷勇奪兩岸三地的設計金獎，老茶館的新創意版圖，令人不由得豎起大拇指。

以一舉奪下「2011年 IF Award 德國設計大賽」與中國大陸「金點設計標章」的纖體冷泡茶系列為例，鄭正郁說儘管冷泡茶是顛覆傳統的泡茶方式，但無論何時何處皆可自由泡出甘醇新鮮的茶來飲用，對於喜愛品茶又拒絕罐裝飲品的女性朋友或上班族，

可說兼顧了方便、實用與口感。因此設計強調健康與品味，除了運用象徵東方花中之王的牡丹作為襯底，包裝也全以手繪植物為主，用知性與感性的設計風格呼喚出風味茶香，令人讚嘆。包括「活力烏龍」、「風情玫瑰」、「油切桂花」、「舒活薰衣」、「元氣玄米」等五種不同風味。

今天走進福星台南創始店，在濃濃現代感風格的品茶空間，還可看到部分的百年以上窖藏老茶，而新茶則針對台灣茶的特性，依照文化、海拔、山脈、製程分類，規劃出「子午金穗、琉璃仙毫、精挑細選、福來韻轉、星火相傳、享樂時刻」等六大系列。不僅作為舒適的品茶空間，還有農藥殘留的快速檢測站，提供當地一個健康、無毒的茶品安全保證。

今天福星除了台南德安百貨、高雄義大世界都設有據點外，廈門還有個大型的旗艦店，經銷商或連鎖店遍布中國各大城市，年輕的鄭正郁不僅創意時十足，顯然衝勁也讓人刮目相看。

❶ 傳統融入現代一向是福星最引以為傲的特色。
❷ 台南德安百貨福星店，有濃濃現代感風格的品茶空間。

茶館 尋找80年代茶館記憶

蟬蜓禪言

　　假如你想找尋1970、1980年代，台灣茶藝館最興盛時期的深層記憶，那麼，你應該走一趟高雄，「蟬蜒禪言」這個命名頗具禪味的茶館，應該會幫你找到答案。

　　關於茶館名稱，主人劉昌憲說其實與佛教禪宗並無任何關連：前兩字源自東方美人茶小綠葉蟬的「著蜒」，代表「大自然給予的，看似不好，在另一方面卻是好的」。但還須先靜下心來，才能有所體悟；因此後兩字就是希望透過沉靜身心，思索自然與人的關係互動，他解釋說「禪言」就是「靜心思索，與自然對話」，體會「蟬蜒」所代表的深層意義。他說古人翻譯佛經，曾把「禪」意譯爲「靜慮」，只有心靈安靜之後，人才能開啓智慧而深謀遠慮。希望來客都能在寧靜的空間，透過品茶回歸真性情，這才是他開設茶館的最大意義。

　　年輕的劉昌憲原本擁有人人稱羨、年薪超過兩百萬的外資投顧協理職位，爲了一圓茶人的夢，起先只是一股腦兒地將所有賺得的積蓄，全部投入收藏最愛的台灣老茶，最後乾脆辭去工作，與愛妻許慧卿一起在人潮熙來攘往的港都河堤路，斥資數百萬按照自己的想法打造「蟬蜒禪言」，不只單純地提供品茶的空間，還特別定位爲「文化行銷」，不僅藉以區隔一般的茶藝館，也不認同時下動輒高舉「人文茶館」旗號的連鎖店們。

②

　　茶館就座落在愛河支流的河堤公園旁，他說有媒體形容高雄「俗擱有力」，充滿熱情、活力，其實更有著豐富人文的海

❶ 蟬蜒禪言有 1980 年代台灣茶館的共同記憶。
❷ 從年薪二百萬的投顧協理一圓茶人夢的劉昌憲。

洋文化，也居住了不少名人與文化人，例如大詩人余光中；作家鍾鐵民、吳錦發；詩人汪啓疆、莊金國、鍾順文；畫家沈昌明等，可惜少了深度的品茶藝文空間，因此在接受「紫藤廬」多年薰陶以後，自己成立偏重人文空間的另類茶館。儘管當時紫藤廬主人周渝曾不斷告誡他「開茶館不會賺錢」，在地茶藏家好友李元中甚至戲言「撐不過半年」，他依然執著地「撩落去」。

劉昌憲說與一般茶館的最大差異，在於「這是一家結合茶與陶藝的特色茶館」；也不同於一般茶館「各喝各的」，他在一樓為自己設置了主泡茶桌，讓愛茶人可以面對面品茗、論茶、聊人生，希望來客可以盡情享受品茶、引茶的樂趣，而不必花費太多的心思在「執壺」上，反而可以專心聊天、看書或

欣賞藝文活動，也才能吸引年輕族群接近茶，進而認識茶吧？

　　喜歡喝茶、研究茶，劉昌憲將茶葉依其特性不同，存放於不同性質的陶甕中，讓「甕藏老茶」幻化出更佳的茶湯風味。步入全部以珍貴原木打造的空間，有他多年珍藏的茶品、名家壺與茶書，更有大大小小散居各個角落的陶甕茶倉，時光彷彿拉回1980年代，剛剛起步的愛茶人以虔敬的心相互分享，歡喜油然而生。他說經營茶館是基於興趣，也是一種分享，分享對茶、對陶藝，甚至於是對人生的一種觀察與體會。拙樸的原木桌椅與古典風的牆面，搭配現代感十足的透光玻璃茶壺展示壁櫃，彷彿刻意在茶香飄搖的空間裡，拉近古典與現代的距離。

　　劉昌憲也善用自己金融投顧的專長，不定期舉辦投資理財相關講座，讓各階層的朋友在「實用」的活動中品茶、接觸茶，進而喜歡茶。我想起《維摩詰經》的開釋：「先以欲鉤牽，後令入佛道」，忍不住會心一笑，也暗自佩服他的智慧。而「煮茶論劍笑談金融事」，拉近茶與人的距離，不也正是文化行銷的一種方式嗎？

　　加油吧！無論蟬蛻或是禪言，無論大自然與人，或人與茶的互動，劉昌憲對港都茶藝的未來顯然自信滿滿，也是南台灣愛茶人普遍的期望吧？

❶ 古老的木床與櫥櫃構成的品茶空間。
❷❸ 劉昌憲說經營茶館是基於興趣，也是一種分享。

茶廠茶莊篇

坪林茶業博物館：
02-26656035
新北市坪林區水德村水聳淒坑19-1號

茶業改良場文山分場
（蔡憲宗）：02-26651801
台北縣石碇鄉北宜路5段12號

行政院農委會茶業改良場
（陳右人）：03-4822059
桃園縣楊梅鎮埔心中興路324號

官韻老茶（江德全）：
02-26335368
台北市內湖區康寧路三段54巷18號

八鼎炭焙茶研究中心
（李兆杰）：02-23052172
台北市萬華區西藏路197之1號

翡翠茶園（曾仁宗）：
0922803071
新北市石碇區北宜路六段13股巷6號

湖口茶葉生產合作社
（羅美燃）：035-691875
新竹縣湖口鄉湖口南村三鄰19號

福源製茶廠（黃文諒）：
03-4792533
桃園縣龍潭鄉凌雲村53鄰42號

拉拉山茶業（呂志強）：
03-3912-405、0939276990
桃園縣復興鄉三光村武道能敢一號

徐耀良茶園（徐耀良）：
03-5800110
新竹縣峨眉鄉峨眉村10鄰89號

台灣紅茶公司（羅慶士）：
03-5171262
新竹縣關西鎮中山路73號

錦泰觀光茶廠（羅吉銓）：
03-5872051
新竹縣關西鎮中豐路一段336號

老吉子茶場（鄭添福）：
02-27028512
台北市大安區瑞安街180巷5號

日新茶園（許時穩）：
037-663749
苗栗縣頭份鎮興隆里上坪5鄰29-1號

行政院輔導會福壽山農場：
04-25989205
台中市和平區梨山里福壽路29號

福壽山茶業（呂志強）：
03-3779590
桃園縣八德市東勇北路486號

福壽山製茶廠（陳志忠）：
04-25960228
台中市和平區梨山里華岡113-2號

101茶園（蔡林青）：
02-26336628
台北市內湖區康樂街136巷28號

◎漢記茶廠（彭信鈞）：
037-250331
苗栗縣頭屋鄉象山路209號

東霖茶業（謝勝騰）：
02-26787079
新北市鶯歌區育英街63號

鹿谷古法炒茶（蘇文昭）：
049-2752217
鹿谷鄉彰雅村凍頂巷16-2號

雍富八卦茶園（林衍宏）：
0972613111
南投縣竹山鎮大鞍里五寮巷
11-1號

茶業改良場台東分場
（吳聲舜）：089-551446
台東縣鹿野鄉龍田村北二路
66號

達明製茶廠
（安達明、戴素雲）：
05-2511265
嘉義縣阿里山鄉達邦村69號

Mimiyo（秘密遊）民宿（阿
by莊蒼菁）：
0910766507
www.mimiyo.com.tw

芳興高山茶（簡勝郎）：
05-2571686
嘉義縣梅山鄉太興村溪頭
21號

順興茶園（朱順興）：
08-8802696
屏東縣滿州鄉港口村茶山路
392-1號

吉林茶園（彭成國）：
03-8871463、0921170828
花蓮縣瑞穗鄉舞鶴村7鄰
169號

佛法山花蓮瑞穗有機農場
（聖輪法師）：
03-8876679、04-22361909
花蓮縣瑞穗鄉瑞北村20-7號

季野紅水烏龍（岑篠瓊）：
kaychi1025@yahoo.com.tw

金品鎮茶業（楊秉閎）：
03-9311818
宜蘭市女中路三段60號1樓

蘭亭茶莊（鄔秀月）：
03-3163533
桃園市莊敬路一段356號

茶館篇

茗心坊（林貴松）：
02-27008676
台北市信義路4段1-17號

陸羽茶藝（蔡榮章）：
02-23316636
台北市衡陽路64號3樓

紫金園（顏珮衿）：
02-23563385
台北市和平東路一段185號

淡然有味（藍官金玉）：
02-23111717
台北市西門町成都路4號5樓

九份山城創作坊（胡宗顯）：
02-24960340
新北市瑞芳區基山街193號

九份茶坊（洪志勝）：
02-2496-9056
新北市瑞芳區基山街142號

山頂名蘆（高泉坤）：
02-26663368
新北市新店區永福路100號

紫藤廬（周渝）：
02-23637375
台北市新生南路三段16巷
1號

有記名茶清源堂（王連源）：
02-255599164
台北市重慶北路二段64巷
26號

張寅茶園（張寅）：
02-29396668
台北市文山區指南路三段38
巷16-6號

阿妹茶館（許乃予）：
02-24960833
新北市瑞芳區崇文里市下巷
20號

九戶茶館（蔡添光）：
02-24063388
新北市瑞芳區九份輕便路
300號

月桂冠（范文馨）：
03-7932745
苗栗縣獅潭鄉新店村4鄰
46-5號

福星茶業（鄭正郁）：
06-2531885
台南市永康區中正南路
759號

蟬蜒禪言（劉昌憲）：
07-3505202
高雄市民族一路543巷37號

礦

抱樸守拙 返璞歸真

原礦陶土特別適合泡重焙火和重發酵的茶。泡一壺老茶，茶香千回百轉，觸手可及的原始樸拙風情，融入您生活的點點滴滴。

LOHAS Pottery
since 1973

雅
器

溫潤如玉 淡雅清幽

汝窯藏器釉面撫之如絹、視如碧玉、扣
聲如磬、胎薄釉厚。品飲茶湯時，茶汁
浸入深淺交織的開片蟬翼紋中，養護出
專屬於您的典藏茶器。

優惠券

茗心坊

憑券來店消費一律9折優惠

優惠期間：即日起至2012年9月底止

九份山城創作坊

憑券來店消費一律85折優惠

優惠期間：即日起至2012年9月底止

山頂名廬

憑券來店用餐消費一律9折優惠

優惠期間：即日起至2012年9月底止

月桂冠

憑券來店用餐品茶9折優惠

優惠期間：即日起至2012年9月底止

蟬蜒禪言

憑券來店品茶8折、購買茶品與茶器9折

優惠期間：即日起至2012年9月底止

陸寶茶器

憑券至百貨專櫃消費可享85折優惠乙次

優惠期間：即日起至2012年9月底止

台灣的茶 **優惠券**

茗心坊
02-27008676
台北市信義路4段1-17號（大安捷運站斜對面）

九份山城創作坊
02-24960340
新北市瑞芳區基山街193號

山頂名蘆
02-26663368
新北市新店區永福路100號（花園新城大門進入）

月桂冠
03-7932745
苗栗縣獅潭鄉新店村4鄰46-5號

蟬蜓禪言
07-3505202
高雄市民族一路543巷37號（河堤路進入）

陸寶企業股份有限公司
台北市忠孝東路3段217巷5弄20號1樓　02-27216236
台北　SOGO忠孝館8樓 02-27117332 ｜ 台中　台中大遠百8樓

阿亮找茶系列
台灣的茶園與茶館

2011年9月初版　　　　　　　　　　　　　　　　定價：新臺幣390元
2015年2月初版第六刷
有著作權・翻印必究
Printed in Taiwan.

著者・攝影	吳 德 亮
發 行 人	林 載 爵

出　版　者	聯經出版事業股份有限公司	叢書主編	林 芳 瑜
地　　　址	台北市基隆路一段180號4樓	編　　輯	林 亞 萱
台北聯經書房	台北市新生南路三段94號	整體設計	洪 明 慧
電話	（02）23620308		
台中分公司	台中市北區崇德路一段198號		
暨門市電話	（04）22312023		
郵政劃撥帳戶	第0100559-3號		
郵撥電話	（02）23620308		
印　刷　者	文聯彩色製版印刷有限公司		
總　經　銷	聯合發行股份有限公司		
發　行　所	新北市新店區寶橋路235巷6弄6號2F		
電話	（02）29178022		

行政院新聞局出版事業登記證局版臺業字第0130號

本書如有缺頁，破損，倒裝請寄回台北聯經書房更換。　　ISBN　978-957-08-3883-1 (平裝)
聯經網址 http://www.linkingbooks.com.tw
電子信箱 e-mail:linking@udngroup.com

國家圖書館出版品預行編目資料

台灣的茶園與茶館 / 吳德亮著 . 初版 .
初版 . 臺北市 . 聯經 . 2011年9月（民100年）.
264面 . 16.5×21.5公分（阿亮找茶系列）
ISBN　978-957-08-3883-1（平裝）
［2015年2月初版第六刷］

1.製茶　2.茶葉　3.茶藝館　4.台灣

439.4　　　　　　　　　　　　100017864